科研活动道德规范读本

Scientific Research Ethics Handbook

（试用本）

中国科学院　编

科学出版社

北京

图书在版编目(CIP)数据

科研活动道德规范读本（试用本）/ 中国科学院编. —北京：科学出版社，
2009

　ISBN 978-7-03-024730-8

　Ⅰ. 科… Ⅱ. 中… Ⅲ. 科学研究事业－道德规范－中国 Ⅳ. G322

　中国版本图书馆 CIP 数据核字（2009）第 093496 号

责任编辑：胡升华 张 凡 卜 新 / 责任校对：张 琪
责任印制：李 彤 / 封面设计：张 放

科 学 出 版 社 出版
北京东黄城根北街 16 号
邮政编码：100717
http://www.sciencep.com

北京凌奇印刷有限责任公司 印刷
科学出版社发行　各地新华书店经销

*

2009 年 9 月第 一 版　开本：B5（720×1000）
2023 年 1 月第四次印刷　印张：12
字数：240 000

定价：48.00 元

（如有印装质量问题，我社负责调换）

完善科研道德规范 促进科技健康发展
（代序）

自近代科学技术诞生以来，经过长时间的发展，科学技术所具有的唯实、求真、理性、尊重首创性等成为科学共同体共同遵守的行为准则和道德规范。这些国际公认的行为准则和道德规范，不仅成为科学共同体自我约束、自我规范的机制，有力地促进了科学技术的健康持续发展，而且在引导社会道德风尚、促进人类精神文明建设方面，起到了很好的示范作用。

科学技术通过发现新知识、发明新技术、创造新产品和新服务造福社会。同时，科学共同体和社会给这些发现者和发明者以尊重和奖励。伴随着科学技术发展的历史，总是有些从事科学技术的人追求科学技术所衍生的名利甚于追求科学技术造福于人类。尤其自第二次世界大战以来，随着科学技术日益成为蓬勃发展的社会化的宏大事业，科研活动中违反科学道德、学术不端的现象也不断滋生。20世纪80年代以来，世界上许多国家都出现了各种形式的科学技术不端行为，特别是一些严重违反科研道德的学术不端重大事件时有发生，在社会上引起了很大反响。科研道德和学风问题成为国际科技界乃至整个国际社会共同关注的重要问题。

对于我国来说，近代科学传统还不是很长，科学共同体内部的道德约束机制和制度体系还不健全。当前，我国正处在经济体制初步建立、社会结构深刻变化、利益格局深刻调整、思想观念深刻变化的经济社会转型期，在绝大多数科学家恪守科研道德与良好学风的同时，社会中的一些不良风气在科技界也必然有所反映，科技界确实面临着不端行为、学术失范和学风浮躁的严峻挑战，通过科研不端行为获取声望、职位、利益和资源等问题比较突出。这些问题腐蚀了科学的健康肌体，损害了科学在社会上的崇高信誉，损害了科技事业的健康持续发展，给社会整体道德水平的提高也带来了负面影响。因此，加强科研道德规范建设，保证科学的学术诚信和规范，维护科学的社会尊严和声誉，已经成为当前及今后我国科技界的一项十分重要的任务。高举科学旗帜，弘扬科学精神，创新科学方法，恪守和发展科学伦理道德，自觉遵守科技行为准则，既是中国科技工作者的崇高使命和神圣职责，也是建设创新型国家的重要基础。

解决科研道德失范和学术不端的问题，仅仅依靠科学家的自律是远远不够的，还要高度重视道德教育，完善社会监督和科研机构内部制度建设。近年来，我国一些科学组织和科学研究机构已经制定和出台一些针对科技工作者行为的规范性文件。但是，我们必须认识到，我国目前具体有力的监督、约束和惩戒机制还不健全，对科研不端行为的社会监督与控制尚缺乏相应系统有效的制度保障。

为了建设与社会主义物质文明、精神文明、政治文明、社会文明和生态文明相适应，与法律法规相协调，与中华民族传统美德和时代精神相融合的科研道德文化，必须引导和激励广大科技人员进一步增强使命感和责任感，牢固树立以科教兴国为己任、以创新为民为宗旨的正确科技价值观，必须努力建立和完善教育、倡导、监督、约束、惩戒机制，形成政府宏观引导、科技界严格自律、社会关注与监督的科研道德建设整体格局。

《科研活动道德规范读本》（试用本）在这方面进行了一些积极的努力。本书比较系统地反映了当代科研活动道德规范的基本内容，不仅有基础性和系统性特点，也具有相当的针对性和规范性。这是科研道德建设的重要基础性工作，很有意义，可作为科技人员尤其是青年科技人员和研究生的重要读物与行为遵循的规范。

2009 年 8 月 28 日

目　　录

Contents

第一章　科学与科研活动

第一节　科学与科研活动概述

当今社会是一个科学化的社会，当代科学是一种社会化的科学。科学已不再是少数人基于个人兴趣的业余活动，而是很多人从事的基于国家战略和人类福祉的、有组织的职业活动和社会事业。这表现在科学活动成为与经济活动、政治活动等相提并论的重要活动形式。同时，各种有违科学精神和科研道德的越轨行为，甚至触犯国家法律的犯罪行为时有发生，科研造假、剽窃、抄袭等现象屡禁不止。因此，无论是从理论上，还是从实践中都迫切需要理性反思当代科学及科研活动的特点，把握"大科学"发展的基本规律，从而思考现代科学活动应遵从的基本规范。

一、科学的含义

科学是一个耳熟能详但难于精确定义的概念，这一方面源于科学活动本身的复杂性，另一方面源于科学活动与其他社会活动相互关系的复杂性。"科学是关于自然界、社会和思维的知识体系，是实践经验的结晶。"[①] 英国学者贝尔纳（J. D. Bernal）认为，科学不能用定义来诠释，必须用广泛的阐明性叙述作为唯一的表达方法，科学在不同场合有不同意义，只有在科学发展的一般图景中才能把握科学的本质。[②] 按照贝尔纳的观点，科学具有若干主要形象，每一形象都反映科学在某一方面的特质。这些形象包括：①科学是一种建制。科学作为一种建制而有数以万计的人在从事这种工作，科学既已成为一种社会职业，科学家的所作所为即为科学的一种简易定义。②科学是一种方法。在科学建制中，科学家从事科学活动，因而需要一整套思维和操作规则。这套思维性或指导性的规则称之为科学方法，科学家遵循和运用这套方法取得科学成果。③科学是一种累积的知识传统。科学具有累积性，这是科学建制区别于其他社会活动的重要特征。科学理论成果必须随时经受科学实验的检验，能经受客观检验的成果才会被科学知识

---

① 辞海编辑委员会. 辞海（下）. 上海：上海辞书出版社, 1979. 3997
② 贝尔纳. 历史上的科学. 伍况甫等译. 北京：科学出版社, 1959. 6

体系吸收。④科学是一种维持或发展生产的主要因素。科学与技术变化的密切结合，导致生产力的极大提高和社会生活方式的巨大变革。⑤科学是一种重要的观念来源，科学是构成诸信仰和对宇宙及人类诸态度的最强大势力之一。科学不仅能提供实际的应用，而且是联结许多实用科学成就而构成的理论体系。科学知识必然反映出当时其他知识背景，受到社会的、政治的、宗教的或哲学观念的影响，反过来又为这些观念的变革提供推动力。

贝尔纳的观点概括反映了科学的主要特征，这些特征归根结底是从人与自然相互作用的过程中衍生出来的，即科学是人对自然的能动认识和反映。因此，我们可以从静态和动态两方面来理解科学：从静态来看，科学是一种由科学事实、科学知识和科学理论构成的知识体系；从动态来看，科学是一种由科学家、科学共同体、科学工具、科学对象等组成的知识生产活动。概而言之，科学既是一种知识体系，又是一种生产知识的活动和过程①。

二、科学的三个层面

科学知识是人类创造的最严谨和最完美的知识形态之一，是人类认识和改造自然的智慧结晶。根据科学知识建构的历史与逻辑，可以将其分为科学事实、科学知识和科学理论三个层面。

（一）科学事实

从哲学上说，科学事实是科学认识主体关于客观存在的、个别的事物（事件、现象、过程、关系等）的真实描述或判断，其逻辑形式是单称命题。② 科学事实是科学认识的最初成果，其内容是客观的，形式是主观的，是客观与主观的统一。

事实分为客观事实、经验事实和科学事实三个层次。英国数学家、哲学家罗素（Bertrand Russell）认为，事实不是指某一简单的事物，而是指事物具有的某种性质和关系。③ 应该说，区分事实和事物是有意义的，但断然否认客观事实（事物）与经验事实的辩证联系则是错误的。实际上，人们在科学活动中经常在两种意义上使用事实概念：一是现象、事物和事件本身被称为事实，这是本体论

---

① 中国大百科全书总编辑委员会《哲学》编辑委员会，中国大百科全书出版社编辑部. 中国大百科全书（哲学）. 北京：中国大百科全书出版社，1985.404
② 教育部社会科学研究与思想政治工作司. 自然辩证法概论. 北京：高等教育出版社，2004.97
③ 罗素. 我们关于外面世界的知识. 上海：上海译文出版社，1990.39

意义上的事实概念，称为客观事实；二是用来描述被认识事件和现象的经验陈述或判断，这是认识论意义上的事实概念，称为经验事实。[1] 经验事实可分为两类：一是客体与仪器相互作用结果的表征，如观测仪器上所记录和显示的数字、图像等。这类经验事实既与客体的本性有关，又与主体的认知条件有关，同一客观事件在不同仪器上的显示可能不同。二是对观察实验所得结果的陈述和判断。经验事实体现了客观事实在科学认识主体中的记述和判断，没有客观事件的发生，自然不会有经验事实，没有主体设置的认识条件，也无法记载经验事实。科学事实是指那些从观察和实验获得的、经过确证的经验事实。因此，科学事实一定是经验事实，但并非所有的经验事实都是科学事实。

科学事实具有个别性、可重复性、精确性、可靠性和累积性的特点。科学事实是关于个别事物的单称陈述，它主要来自于感性实践，而非理性抽象。科学事实必须能够被多个实验者重复获得，不能被重复获得的经验事实不能称之为科学事实。科学事实比常识描述更精确、更系统，其主要表现为科学事实一般是用数学化和逻辑化语言描述的经验现象。科学事实的可重复性和精确性保证了科学事实的可靠性，因此，科学事实往往比科学假设和科学理论更稳定。有时某一科学知识或理论被推翻了，但它们依据的科学事实仍然保留了下来，并转入另一理论体系。[2] 正因如此，科学事实又表现出累积性的特点，科学事实的不断积累是推动科学理论发展的重要动力。

科学事实不仅是科学知识的基础，而且在科学认识中具有重要意义。苏联生理学家巴甫洛夫（Ivan Petrovich Pavlov，1849～1936）说："在科学中要学会做笨重的工作，研究、比较和积累事实。不管鸟的翅膀怎样完善，它任何时候也不可能不依赖空气飞向高空。事实就是科学家的空气。没有它，你不可能飞得起来；没有它，你的理论就是枉费苦心。"[3] 具体来说，科学事实具有以下作用：一是形成科学概念、科学原理和建立科学理论的基础，无论是自然科学研究，还是社会科学研究，都必须从已有事实出发。尽管不是所有的科学概念和理论都直接来源于科学事实，但它们归根结底都要以科学事实作为基础并接受科学事实的检验。二是科学事实是验证或反驳科学假说和理论的基本手段，科学假说和理论中包含着科学认识主体对科学认识客体本质规律的猜测或推想。这种猜测或推想常常以全称判断的形式出现，由于它们具有较高的抽象性和普遍性，因此往往无法得到直接验证，需要从中演绎出若干可以直接检验的推论，然后再与观察实验所得到的科学事实进行对照，从而检验科学假说或理论的真伪。三是科学事实是

① 刘大椿. 科学活动论 互补方法论. 桂林：广西师范大学出版社，2002.65
② 陈其荣. 当代科学技术哲学导论. 上海：复旦大学出版社，2006.196，197
③ 巴甫洛夫. 巴甫洛夫选集. 吴生林等译. 北京：科学出版社，1955.31，32

沟通新旧范式的桥梁。正如上文所述，虽然新范式取代了旧范式，但是旧范式根据已建立的科学事实仍然保留下来，成为沟通和比较新旧范式的桥梁。科学事实本身的特点及其在科学认识中的作用的这些特征奠定了科学活动的本体论基础，因此，"实事求是"是科学活动的基本规范。

（二）科学知识

科学事实是科学认识的经验基础，科学知识是感性认识上升为理性认识的重要阶段，它由科学概念、科学原理和科学假说三部分组成。

1. 科学概念

科学概念是在科学认识中反映科学事实本质属性的一种思维形式，是科学知识体系的基本思维单位和网上纽结。科学概念与常识概念不同，从认识论看，虽然它们都是反映对象性质的思维形式，但常识概念所反映的对象属性是初步的、表层的，而科学概念反映的是深层的、本质的；常识概念具有多义性、歧义性和含糊性，而科学概念则具有专义性、清晰性和严密性。爱因斯坦（Albert Einstein，1879～1955）精辟地说："唯一地决定一个概念的'生存权'的，是它同物理事件（实验）是否有清晰的和单一而无歧义的联系。"[1]

科学概念在科学认识活动中发挥着重要作用：首先，它是科学思维的基本单位。在科学认识活动中，只有形成正确的科学概念，才能把握事物的本质和规律。提出科学假说和理论的抽象思维过程，就是运用科学概念进行判断和推理的过程。其次，它是科学假说和理论的基础，是"认识和掌握自然现象之网的网结"[2]。科学认识成果先是通过制定各种科学概念来总结和概括的，任何一门自然科学都有其特定的概念体系，某一学科的主要概念代表了该学科的理论范式或研究纲领。最后，它是一定历史阶段科学认识的结晶。科学认识发展的过程就是科学概念发展深化的过程，科学革命显著地表现为核心科学概念的更替或嬗变。

2. 科学原理

科学原理是反映自然界事物、现象之间的必然性关系的科学命题。科学原理以观察和实验为基础，具有不以人的意志为转移的客观性，是客观事物本质运动规律的反映。科学原理是科学认识主体把握客体的映像，是主观性和客观性的统

---

① 爱因斯坦. 爱因斯坦文集. 第一卷. 北京：商务印书馆，1976. 118
② 列宁. 哲学笔记. 北京：人民出版社，1993. 78

一。多数严格的、普遍适用的科学原理都是以全称命题的形式表现出来。[①]

从科学事实到科学原理，是科学认识从经验向理论、从具体向抽象、从个别向一般的飞跃。它通常采取两条路径：一条是借助于归纳法从科学事实中概括出科学原理，它们反映了本质与现象之间的某种联系，具有描述性、概括性、直接实践性和现实性特点。科学原理拥有直接可判定或测量的经验内容，这些内容原则上可由观察或实验获得的经验证据来确认，如达尔文进化论。另一条是借助于想象、直觉和灵感得到的理论定律，它们不是直接源于经验概括，而是科学家的某种创设。理论定律中的抽象概念也不是从经验中推导出来的，但它们却反映着客观事实的更深层本质，因而具有很强的解释力和普遍性，如广义相对论。

与其他科学知识形式相比，科学原理具有以下特征：一是科学原理是绝对真理和相对真理的统一，即科学原理经过了观察和实验的初步检验，因此包含有绝对真理的成分。同时，由于受到认识水平和时代条件限制，科学原理对自然规律的反映只是近似的而非绝对正确的，因此还是历史性的相对真理。二是科学原理具有简明性，科学原理通常是用数学或其他符号形式来表示的，具有较强的简明性和逻辑性。例如，电磁场方程、质能方程（$E = mc^2$）等都用简洁的数学公式反映了深刻的本质规律。三是科学原理的经验性或猜测性，科学原理是对科学事实的直接概括或自由发明，因此具有直接经验性或猜测性特征，需要得到科学事实的进一步证实和理论抽象，进而形成科学假说和理论。

科学原理在科学认识活动和知识体系构成中具有重要的地位和作用。首先，科学原理是在观察和实验的基础上，借助抽象思维对科学事实进行由表及里、由此及彼、去粗取精、去伪存真的加工制作的结果，反映了认识主体对客体的局部性认识或某些本质联系。其次，科学原理有助于科学概念和科学理论的形成。科学概念的形成可以通过科学原理的提出来完成，科学概念的内涵可以通过科学原理来明确。科学概念和科学原理都是构成科学理论的基础，科学理论通过一系列的科学概念、科学原理的逻辑转化来完整地反映某一领域的事物及其过程的本质和规律性，并且在科学理论中，科学原理尤其是基本定律常常构成了科学理论的核心。最后，科学原理是科学解释和科学预测的有效工具。经验定律可以用来解释已知的科学事实和预见未知的科学事实。科学原理是从经验定律中抽象出来的，它可以解释已知的经验定律和预见未知的经验定律，这在科学认识中具有重要作用。

3. 科学假说

科学假说是根据已有的科学知识和新的科学事实对所研究的问题做出的一种

---

① 教育部社会科学研究与思想政治工作司. 自然辩证法概论. 北京：高等教育出版社, 2004.99

猜测性陈述。它是人们将认识从已知推向未知，进而变未知为已知的必不可少的思维方法，是科学发展的一种重要形式。科学理论发展的历史就是假说的形成、发展和假说之间的竞争、更迭的历史。[①] 科学假说具有以下基本特点：一是确证性与猜测性的统一。科学假说具有猜测、假设的性质，还不属于被实践所验证了的科学事实，但科学假说又不同于毫无根据的主观臆断，而是以已知的既定科学知识和新的科学事实为基础，是在此基础上提炼出的科学问题，并在多种科学知识基础上运用分析和综合、归纳和演绎、类比和想象等方法，形成解答问题的基本观点。正是由于立足于已有的科学知识和科学事实，决定了科学假设必须在原则上是可检验的。二是抽象性与形象性的统一。科学假说不是科学事实的简单堆积，而是经过一定程度科学抽象的结果，但假说的形成过程只能以初步的猜测和想象的形式出现，并经常依靠形象思维，从而使假说具有某种形象性。三是多样性与可变性的统一。从不同角度出发，可以提出关于同一客体的不同假说，即使同一假说也会随着科学认识实践的发展而改变。新事实的发展、不同学术观点、学派之间的争论等可以使原来模糊不清的问题或谬误逐渐清晰化或找到正确答案，既可能验证或充实原有假说，也可能推翻或修正原有假说。科学假说的这些特征反映了人类特有的认识能动性，使假说在科学研究中具有特殊的意义。[②]

科学假说是通向科学理论的必要环节，其作用表现在以下三个方面：一是科学假说是形成和发展科学理论的必经之途。当不能用已有理论来解释新发现的事实时，就需要提出假说。假说继而被实践证实或证伪，进而被修正或被新假说取代，自然科学就是沿着问题→假说→理论→新问题→新假说→新理论的途径不断向前发展。正如恩格斯指出的，只要自然科学在思维着，它的发展形式就是假说。二是科学假说是发挥研究者主观能动性的有效方式。科学假说是对蕴含在科学事实背后的本质和规律的猜测和假设，这个过程本身就是人类创造性的表现。所以，提出假说的能力被认为是科学家创造力的重要标志。三是不同科学假说之间的争论有利于科学的发展。因为关于同一类对象的不同假说之间的争论，有利于揭露各种假说中存在的问题，促使人们的认识不断深入和精确。

（三）科学理论

如果假说经受实践检验被证明具有解释性和预见性，并且科学假说符合理性、可检验性、对应性和简单性等方法论原则，它就转化为科学理论。具有某种

---

① 中国大百科全书总编辑委员会《哲学》编辑委员会，中国大百科全书出版社编辑部．中国大百科全书（哲学）．北京：中国大百科全书出版社，1985.408
② 教育部社会科学研究与思想政治工作司．自然辩证法概论．北京：高等教育出版社，2004.99

逻辑结构的并经过一定实验检验的概念系统，标志着人的认识在实践过程中从现象到本质的深化，由经验水平提高到了离经验较远、抽象程度较高的水平，从而，对事物有了比较全面的了解。①

科学概念、科学原理和科学推论是构成科学理论的基本要素。科学概念是科学原理的基本构成部分，科学原理是联系科学概念的命题或判断，而科学推论则是由这些概念、定律和原理推演出来的逻辑结论——各种具体的经验规律和预见，它们依照一定逻辑关系形成一个系统的知识体系。从科学认识过程看，科学理论是科学认识的成熟阶段和高级形态，科学理论所揭示真理的深度和广度都超过了科学事实、科学概念、科学原理和科学假说，从整体上揭示了客体的更深层次本质；从认识成果的逻辑关系看，科学理论是以科学事实、科学概念、科学原理和科学假说为基础，在更高层次上综合统一的科学认识成果。因此，科学理论往往以更抽象和更完整的理论模型和数学模型等形式存在。

作为科学认识的高级形态，科学理论具有以下特点：一是客观性。科学理论是经过严密逻辑论证和反复实践检验的结果，因此是具有客观真理性的知识体系，这是科学理论与科学假说最根本的区别。二是系统性。科学理论不仅是从事物的全部现象及其所有联系出发概括出来的普遍本质和规律，而且科学理论的内容是按客观事物的本来面貌构成的完整系统，反映了客观事物的横向联系和纵向进化。三是逻辑性。科学理论是一个系统化了的概念体系，其整体具有内在的逻辑关联性和无矛盾性。四是预见性。科学理论通过揭示某一领域的本质和规律而覆盖解释本领域的事物，不仅如此，科学理论的逻辑性保证了其对未知现象做出符合逻辑预言的可能性。

科学理论具有两个最重要的功能——解释和预见。从形式上说，解释就是要揭示从已有科学原理或理论中推导某一现象的逻辑过程；从内容上说，解释就是揭示事物存在的本质关系，这些本质关系最重要的有三种：一是因果关系。在必然现象中，就是严格决定论的规律；而在随机现象中，则是统计性规律。二是结构–功能关系。系统的结构制约着它的属性和功能，而功能又是系统存在和行为合理的必要条件。三是起源关系。它表明事物发生、发展和转化的过程。科学预见提供了认识事物发展进程、预见未来发展前景的可能性。科学预见和科学解释一样，都是依据同样的理论——规律性和本质联系，按照同样的逻辑机制，从理论前提和先行条件中推演出来的。两者的区别在于，科学解释是从已知的事实概括、抽象出理论，再从这个理论逻辑地推导出内容上与这些事实契合的判断；而科学预言则是从该理论逻辑地推导出有关未知事实的结论，这些事实或者已经存

---

① 中国大百科全书总编辑委员会《哲学》编辑委员会，中国大百科全书出版社编辑部. 中国大百科全书（哲学）. 北京：中国大百科全书出版社，1985.409

在但不为人知，或者未来可能发生。科学理论的预见功能是其创造性最鲜明、最显著的表现，科学预见显示出理论思维能够明显地超越经验层次的特点。科学理论的解释和预见功能，对于人们的实践活动具有重大意义，科学理论的预见和解释功能的实现，使它成为变革现实世界的锐利武器。

科学事实、科学概念、科学原理、科学假说和科学理论是构成一个完整科学知识体系不可缺少的组成部分。科学事实是科学知识体系的出发点和归宿，是科学认识的经验形式和建立科学概念、科学原理、科学假说和理论的前提和基础。离开了科学事实，科学原理就不能成立，科学假说就不可能转化为科学理论。科学概念和科学原理是科学知识体系的逻辑基础，它们借助抽象思维对科学事实进行加工制作，达到了对事物本质和规律的抽象认识。科学假说是科学理论的过渡形式，只有经过实践检验的科学假说才能转化为科学理论，科学假说的提出、优化和证明都必须以已有科学理论和科学事实为基础。科学理论是科学认识成果的系统体现，它从基本的科学概念和科学原理开始，借助于逻辑规则和辅助假设，推演出由一系列科学原理和推论构成的严密逻辑体系，科学理论既是科学认识的高级阶段，又是形成新认识的逻辑起点。

三、科研活动的基本特性和主要环节

（一）科研活动的自然性

科学活动的直接目的是描述、解释和预言自然过程和现象，或者是对客观世界作理论表达。人类在改造自然的过程中获得了对自然的认识，并随着实践的发展不断地使认识从初级的经验形态发展到高级的理论形态，出现了作为认识活动高级形态和成果的科学，科研活动成为人类进一步认识和改造自然的基本实践方式。

科研活动不同于物质生产活动，又区别于其他精神活动，它是一种独特的以科学实验为基础的实践活动。科学实验与物质生产一样，都是以劳动工具为中介的人与自然的对象性活动；但不同的是，物质生产的直接结果是物质产品或人工自然，知识仅是物质生产活动的思想工具，而在科研活动中，获取知识成为主要和直接的目的。从实践过程来看，物质生产的结果原则上是已知的，而科研活动则是探索性的认识活动，其结果是未知的。科学活动必须一方面立足于已有研究的坚实基础，另一方面又要不断超越既有认识，探索事物更深层的本质规律。

科学活动的自然性体现在其结构体系中。随着科学技术的发展，逐步形成了由基础研究、应用研究和开发研究组成的有机结构体系。基础研究旨在增加科学、技术知识和发展新探索领域的创造性活动，并不在意特定的实际目的。它分为基础理论研究和应用基础研究两部分。基础理论研究指数学、物理、化学、天文学、地学和生物学等学科中的纯理论研究；应用基础研究即定向基础研究或技术科学研究，如材料力学、固体力学、流体力学等研究。基础研究的目的在于分析事物的性质、结构以及事物之间的关系，从而揭示事物演化所遵循的基本规律。这意味着基础研究的基本任务在于对自然界做出理论说明，建立关于自然界的知识体系，从而为应用研究和开发研究提供理论基础，它直接以认识世界为目的，以追求真理为最高价值。应用研究致力于解决经济生活中的实际科学技术问题，其核心是应用技术，直接目的是确定基础研究成果的可能用途以及利用这些成果达到预定目标的途径，在整个科研体系中起着关键作用。科学理论和产品生产须通过应用研究联系起来：一方面开辟科学理论转化为应用技术的方向，通过应用研究使科学理论具备为人类实践服务的可能性；另一方面将技术应用和生产信息反馈给基础理论研究，检验和深化基础理论研究成果。开发研究是指凭借从研究或实验中所获得的知识，用它指导生产新的材料、产品和设计，建立新的工艺、系统和服务，并从本质上去改善已经生产或建立的那些材料、产品和设计。[1] 开发研究是当代最为活跃的科学活动形式，它直接从事生产技术方面的研究，是把基础科学和应用技术转化为直接社会生产力的重要环节。由基础研究—应用研究—开发研究构成的科研活动首先反映了其认识自然—改造自然的自然性特点。

（二）科研活动的社会性

劳动工具是衡量社会生产力水平的主要标志，它不仅包括科学技术的力量，还包括生产过程中社会力量的结合。科学技术是重要的社会生产力要素，并且随着机器大工业的发展，现实社会财富的创造越来越取决于科学技术的社会应用。现代科研活动已不局限于个别科学家自然的认识过程，而发展成为一种社会化的精神生产形态，表现为科学家、技术专家、企业家、政治家等组成的网状活动结构。这个"行动者网络"[2]（actor network）服从一定的社会规范，并为达到预定目的而使用各种物质手段和方法。与科研活动相适应的是科研活动逐渐成为一种

---

① OECD. OECD Factbook 2008：Economic，Environmental and Social Statistics，http：//puck，sourceoecd. org. 2009－04－09

② ［法］布鲁诺·拉图尔. 科学在行动：怎样在社会中跟随科学家和工程师. 北京：东方出版社，2005

社会建制，科学活动成为整个人类社会活动的重要组成部分。

19世纪末以前，尽管出现了专门的科学实验室，并采取了集体研究模式，但依然是小科学，从事科学研究的人数和规模不大，相当于工场手工业的水平。20世纪后，出现了具有强大技术基础和物质基础的大型科学研究所和实验室，这使科研活动接近于近代化工业劳动的水平，从而使科学从"小科学"变成了"大科学"。所谓大科学可以理解为仿照现代工业的形式组织起来加以管理的科学，在某种意义上，这种科研建制实际上变成了工业化社会的经济部门之一。①与之相应，科研活动的模式和结构也发生了很大变化。随着科学研究复杂性的增加，科研活动的设备和规模变得十分庞大和昂贵。例如，美国的"阿波罗"登月计划所开发的技术系统耗资244亿美元，共有40万名科学家、工程师和技术人员付出了8年的紧张劳动，2万个部门和公司以及120个大学和实验室参加了这项工作。大科学还为自己组织了庞大的队伍，使科学活动成为一种重要的社会职业。根据世界银行2000年的统计，世界主要国家每百万人中从事研究与开发的科学家和工程师人数约为2769人。

世界主要国家每百万人中从事研究与开发的科学家和工程师及技术人员人数见表1-1。

表1-1 世界主要国家每百万人中从事研究与开发的科学家和工程师及技术人员人数

国家	年份	每百万人中从事研究与开发的科学家和工程师人数	年份	每百万人中从事研究与开发的技术人员人数
中国	2000	545	1996	187
美国	1997	4099	—	—
日本	2000	5095	1999	667
加拿大	1998	2985	1998	1038
法国	1999	2718	1994	2878
德国	2000	3161	1999	1345
俄罗斯	2000	3481	1999	551
英国	1998	2666	1993	1014
澳大利亚	1998	3353	1994	792
新西兰	1997	2197	1997	732
印度	1996	157	1996	115

资料来源：中华人民共和国国家统计局. 每百万人从事研究与发展的科学家和工程师人数及技术人员数. http://www. stats. gov. cn. 2003 – 11 – 23

---

① 刘大椿. 科学活动论 互补方法论. 桂林：广西师范大学出版社，2002.14

　　科学社会学家约瑟夫·本－戴维精辟分析了近代科学家角色变迁的原因。他认为有两个科学社会学条件可以解释不同时代和地域之间科研活动的差异：一是公众的社会价值观和兴趣分布的改变，它们引导着人们在不同程度上支持、信奉或从事科学的动机；二是科研机构扩散其成果和鼓励科研的创造精神和效率。当科学研究在某个国家成为一个相对独立的社会子系统时，人们就有可能依靠科学研究谋生，他们会选择科学研究作职业或者重要工作内容。同时，社会也寻求科学家或受过科学训练的人来服务，这使科学工作者可以长期受雇于各种组织，并作为一个集团参与那个社会的政治和意识形态进程。经验自然科学提供了一个可检验其正确性的认知结构，它的不断进步激发人们对下述信念的充分信心：总有一天科学方法也会提供了解人和社会的钥匙，这种倾向促成了科学家角色的出现和承认。① 科学家成为独立的社会角色是科学建制化的前提条件。随着科学家的职业化，科学的建制化步伐逐渐加快，科研组织开始变成了科研活动的一个重要的决定因素，科研活动迅速增加，导致了科研机构和组织的革新。法国出现了政府资助的科学院，雇用科学家担任各种教育和顾问职务。德国出现了集教学与研究于一身的教授角色及研究实验室和研究所，而美国和英国则出现了受过正规专业训练的研究者——哲学博士。大学科学院系成为使用具有不同背景的高级研究员的复杂科研机构。因此，科研活动的迅速发展是科学的社会应用以及社会组织方面的一系列社会因素决定的。

　　科学对所有的认识结构有一种决定性的影响，而人们就是根据这些认识结构在宇宙、自然和社会中调整自身的。今天，科学的影响也许是最强大的，医学越来越多地控制了疾病，减少了人类对于疾患的忧虑。然而，科学创造出了利用能量并且更改整个自然环境的强有力的工具，这又导致人类新的忧虑。人类认识图景的不断改变是科学对社会和道德立即产生影响的一个直接结果。

　　科研活动的社会性在科学的不同发展阶段有不同表现。在以个体研究为主的时期，科研活动的社会性主要表现为研究者之间小范围的学术交流，交流媒介主要是口头交流、现场报告或传阅手稿和信件。人们从事科学研究也主要是出于个人兴趣或好奇心，科学研究的社会影响也十分有限，因此，在这个时期，科学研究往往表现出价值无涉的纯学术特征。随着科学研究的职业化，科学活动成为一部分人的谋生手段和提高社会生产力的途径。追求科学研究成果的社会价值逐渐成为科学活动的重要目标。科学家逐渐走出自己隐蔽的实验室和小团体，通过学术期刊、会议、年鉴、专著等展开更广阔的学术交流，各种科研机构也积极游走于政府和企业之间，以便争取到更多的科研经费。科研成果的数量和质量同样成

---

① 约瑟夫·本－戴维. 科学家在社会中的角色. 赵佳苓译. 成都：四川人民出版社，1988. 329 ~ 352

为评价科学家研究能力和社会地位的重要因素，与此相应的是由于科学评价机制尚不完善，科学家常常为了获得某项科学发现优先权而展开激烈争论，甚至人身攻击。随着科学技术社会功能的日益凸显，科学技术已经成为第一生产力，科技水平成为政治角力和经济竞争的重要砝码，科学研究不再是个人喜好或者少部分人的职业偏好，而是社会发展战略的重要组成部分。科学研究活动也逐渐突破国界，成为整个人类的共同事业。科研活动已从人员少、经费少、场地小、仪器小、社会相关度低的"小科学"向人员多、经费多、场地大、仪器大、社会相关度高的"大科学"嬗变。诸如曼哈顿计划、阿波罗登月计划、人类基因组计划、欧洲核子物理实验室巨型科研项目等在内的研究层出不穷，跨国合作研究已成为科研活动的普遍现象。但是，过度的市场化运作也严重冲击着科研活动"求真"的基本价值观，各种急功近利、制假造假等违反学术规范和道德的行为也常有发生，相关内容我们将在以下章节具体论述。

由基础研究、应用研究和开发研究构成的现代科学体系是大科学时代科学活动的宏观形态，是科学活动自然性与社会性相互融通的生动体现，促使科学从以个人诚实和自律为基础的传统科研形态向以社会规范为基础的现代科研形态转变。

（三）科研活动的主要环节

在"小科学"时期，科学研究的对象或问题主要取决于研究者个人的偏好，研究费用也主要依靠个人筹集。但是，在"大科学"时期，科学研究成为高度集约的社会化活动，科研效率成为评价科研活动的重要指标，以课题或项目为核心的模式成为现代科学研究的主要模式。一般来说，现代科研活动包括课题立项、课题实施、成果形成、成果审查和成果发表等五个主要环节。

课题研究以"问题"为载体，问题构成了科研活动的核心因素和内在动因，因此，明确要研究的问题就成为科学研究的第一步，即课题立项阶段。问题或项目从哪里来呢？从一般意义上看，科学问题可分为两大类：一类是经验问题，另一类是理论问题。经验问题主要是指科学实验或物质生产过程中出现的问题，如实测数据与理论推测不符、理论设计与实际制造偏差等。理论问题又可分为两大类：一类是理论内部问题，如理论内部出现逻辑矛盾，或基本概念含混不清等；另一类是理论外部问题，如科学理论之间的矛盾，某一理论与当时占主导地位的方法论或世界观相矛盾等。从科学研究的社会制约来看，现代科学研究需要大量的人力、物力和财力，但所有这些资源总是有限的，为了使资源得以有效使用，需要事前审慎选择和评估科研项目。

已经获得资助或支持的科研课题就进入具体实施阶段。这个阶段的主要工作是合理分解项目目标，它包括两个方面：一是项目目标的纵向分解，即把项目总目标按时间顺序分解为若干阶段性目标，明确每一个阶段需要解决的主要问题及其实现条件；二是项目目标的横向分解，即把项目目标分解为若干子目标，并将其分别委派给不同人实施。这样，就把一个项目按照一定的时间和空间顺序分解为若干相互关联的目标网络和条件网络。

课题目标的实现即获得相应的科研成果。由于科研项目的性质差异，科研成果表现出不同的结构形态。基础研究项目旨在分析事物的性质、结构及其运动变化规律，其基本任务在于对客观世界作出理论说明。因此，基础研究成果常常表现为学术论文、专著、研究报告、图表、数据等形式。应用研究项目和开发研究项目致力于解决国民经济中提出的实际技术问题。因此，它们的研究成果则表现为新技术、新工艺的提出，或新材料、新产品的制造等。

科研成果是否达到了预定目标，这就进入成果审查阶段。尽管成果审查方式各异，但都包含两个基本层面：一是真实性审查，即研究成果是否是独立完成的，所得到的数据、图表等是否是真实的实验或推理结果，实验设计或推理步骤是否具有合理性等；二是效度审查，即最终成果是否达到了预期目标，是否实现了科学投入与产出的最大化等。在实际运作中，成果审查往往通过同行评议的形式来进行，但同行专家也是人，由于可能受到一些认识和社会条件的限制，同样会出现偏差和失误。因此，成果评价是一个十分复杂的问题，任何简单武断的理解都不符合科研活动的本性。

经过同行评价的科研成果，会以各种形式成为知识财富。它们或者以学术论文的形式公开发表；或者以专题报告的形式上交给相关机构；或者获得发明专利，成为潜在的物质财富；等等。当然，由于现代科研成果已经成为国家、科研机构、大学、企业之间相互竞争的重要战略资源，成果保密已成为一个十分棘手的科学社会学问题。它一方面促进了科研活动，为取得成功的研究者带来了丰厚的回报或巨大的社会影响，但如果分寸把握不当，又会妨碍科学交流的自由，加剧科学发展的不平衡。

第二节　科学家与科学共同体

科学家和科学共同体是科研活动的主体，在某种意义上，理解科学家和科学共同体就是理解社会化的科研活动。

一、科学家

虽然科学家的称谓现已家喻户晓，但其产生仅有 170 多年的历史。1834 年，英国哲学家惠威尔（William Whewell）在英国科学促进协会成立大会上首先创造了"科学家"（scientist）这个词。1840 年，惠威尔在其名著《归纳科学的哲学》中，正式采用了"科学家"这个词。他说："对于培植科学的人很需要予以命名，我的意见可称呼其为科学家。"① 又说："有些人是在隐蔽实验室里使用古怪的仪器工作着，另有一些人从事复杂的深奥的计算和证明，他们所用的语言只有他们之间才能通晓。"② 惠威尔描述了传统科学家的主要特征，但是，随着科学活动的深入发展，赋予了科学家新的内涵和外延。科学家不仅仅是摆弄复杂仪器和深奥计算的自然科学家，还包括技术专家、工程师、教授、实验家等。例如，美国把工程师、科学家和技术员都称为科学家，日本则把研究人员、技术人员和技术教育人员统称为科技人员，苏联把科学院院士、拥有科学博士或副博士学位的教授、教师和高级研究员称为科学家。

（一）作为一种社会角色的科学家

社会角色指个人在社会关系位置上的行为模式。它规定一个人活动的特定范围和与人的地位相适应的权利义务与行为规范，是社会对一个处于特定地位的人的行为期待。科研活动是社会活动的重要内容，科学家是社会活动的重要分子，他们扮演着重要的社会角色：一是科学知识生产的主体。科学家担负着探索自然规律，创造人类知识的职责，同时也享有依法获得劳动报酬和社会承认的权利；二是科学知识应用的主体。大科学时代要求科学家不仅要创造新的科学知识，而且要自觉将其转化为现实的生产力和产品，即要求科学家兼具传统科学家和现代实业家的双重品格；三是科学知识传播的主体。传播科学知识、培养高素质人才是科学家扮演的重要角色，不仅如此，科学家还担负自觉遵循科学规范、弘扬科学精神的责任；四是政府和企业决策的智囊团。他们有责任应用自己的专业知识为政府和企业提供决策参考和咨询。可见，与传统科学家主要扮演真理代言人的角色不同，当代科学家需要同时扮演真理代言人和利益追求者的双重角色：一方面他们要以认识自然规律，追求真理、弘扬科学精神为己任；另一方面又要以提高社会生产力，创造良好的经济和社会效益为目的，还要考虑科学家个人或团体

---

① 贝尔纳. 历史上的科学. 伍况甫等译. 北京：科学出版社，1959.7
② 赵红州. 科学能力学引论. 北京：科学出版社，1984.2

的社会信誉和利益。科学家角色扮演的复杂性使科学家随时都有可能面临角色冲突。在一般情况下，这种角色冲突被约束在科研活动规范的可控范围内，但是，在一些极端情况下，尤其是在政治利益和经济利益的驱使下，科学家的行为可能冲破科学规范的约束，甚至触犯国家法律，如李森科事件、黄禹锡事件以及"汉芯"造假事件等。这也从一方面说明，科研活动本身并不是如人们通常所理解的那样是一个自由、自治和自导的自主体系，它的良好运行本质地需要各种外控措施。

（二）作为一种社会职业的科学家

科学家的职业化是社会分工的结果。贝尔纳说，今天的科学家几乎完全和普通的公务员或企业行政人员一样是拿工资的人员。[①] 他们依附于某一大学或研究机构，承担规定的科研或教学任务，并从中获得工资报酬或研究经费。但是，科学家作为一种职业具有区别于其他职业的特殊规定性。首先，科学家是专门从事知识生产的职业，是人类认识和改造自然的先遣队，他们经过长期的科学学习和训练，掌握了各种认识自然奥秘的手段和技术，并且不断创造出更先进的认识工具和物质产品。其次，科学家的职业功能随着科学技术社会功能的发挥而愈益彰显，成为重要的社会阶层和战略资源。从 16 世纪开始，政府已经开始重视科学，各种政府支持的学术机构相继建立。从 19 世纪初期开始，企业内的科研机构和大型工业实验室相继出现。从 20 世纪初期开始，各种大型国际科研机构大量出现，科研投入成为关系国家和企业可持续发展的战略考虑，科学家不仅是一种受人尊敬的社会职业，而且成为一种重要的人力资源储备和培育体系。科学活动的巨大成就，使科学家的社会职业地位也迅速上升，并在世界范围内赢得了尊敬。美国科学社会学家朱克曼的研究显示，"在美国，无论采用哪种通常所用的对人进行社会学分级的标准来衡量，科学家的社会地位都居于高位，科学家的平均收入也居于分类表上的前五名之内"。[②]

（三）作为一种社会事业的科学家

如果说社会角色是科学家的外在形象，社会职业是科学家的生存状态，那么，将科学作为一项社会事业是科学家的内在追求。科学作为一项社会事业，承担着崇高的社会责任。"责任"（responsibility）意味着"允诺一件事作为对另一

---

① 贝尔纳. 历史上的科学. 伍况甫等译. 北京：科学出版社, 1959.7
② 朱克曼. 科学界的精英. 北京：商务印书馆, 1979.10

件事的回应或回答"，① 人们通常在法律和伦理两个层面使用责任这个概念。法律层面的责任与义务相联系，指应付责任或过失责任，以追究责任人或过失者为导向，是一种事后责任。关于伦理层面的责任，汉斯·尤纳斯（Hans Jonas）在《责任原理》中指出，伦理层面的责任关注的是行为主体必须顾及自己行为的可能后果，它是一种事前责任。

为什么提出科学家的责任问题？主观上，科研成果的广泛应用给自然和社会带来了前所未有的巨大风险，潜在地威胁着人类的生存和可持续发展。科学家的良知迫使他们不得不主动地思考科学知识可能对人类产生的危害，认为自己有责任运用科学成果为人类造福，防止科学技术的滥用、误用和恶用。从客观上来看，在科学－技术－经济－社会一体化的背景下，科学研究已经成为一种社会职业，"科学家即使在过去曾经是一种自由自在的力量，现在却再也不是了。他现在几乎总是国家的、一家工业企业的、或者一所大学之类的直接或间接依赖国家或企业的半独立机构拿薪金的雇员"。② 也就是说，在广泛的社会活动中，科学家作为某组织或结构的成员，是生活在特定群体社会中的人。科学家的这种角色特征使得他们在进行个人科学行为选择时，必须考虑个体决策和行为后果对国家、社会、企业和公众等产生的可预见和不可预见的结果。这些可能的结果要求科学家主观上从自己的良心、忠诚出发，客观上从自己工作的后果出发来承担自己的主观责任和客观责任。

科学家的责任主要有两层含义：一是指科学家在从事科学研究中基于对科学事业的忠诚、良知、认同和信仰，自觉遵守科学活动本身的技术和道德规范，这是科学家的自然责任，自然责任实质上是一种职业责任或道德责任。二是指科学家从其所处的社会环境出发，表明自己对他人、科学共同体、社会所采取的态度以及与之相关联的行为后果负责，这称为科学家的客观责任。客观责任源于法律以及科学共同体、社会对科学家的角色期待，因此又可称为科学家的社会责任。③

科学家的自然责任是与科研活动的自然性联系在一起的，科研活动的直接目的是探求自然真理，与此相应，科学家的自然责任就是探求客观事实、关心纯粹知识、恪守客观真理。科学家的自然责任得到科学价值中立论者的支持，最典型的是19世纪英国的化学学会和地质学会，他们自称其职责是了解客观事实，认为科学的社会功能是一个奇怪的、几乎没有意义的问题。④ 彭加勒（Jule-Henri Poincare）说："不可能有科学的道德，也不可能有不道德的科学……伦理和科学

① 曹南燕．科学家和工程师的伦理责任．哲学研究，2000.（1）：45
② 贝尔纳．科学的社会功能．北京：商务印书馆，1982.516
③ 洪晓楠，王丽丽．科学家的责任分析．哲学研究，2007，（11）：83
④ 贝尔纳．科学的社会功能．北京：商务印书馆，1982.70

只要它们两者在前进中，肯定将会相互适应。"① 应当承认，科学家所尊崇的价值中立说有其存在的合理性，它来自于对科学理性的信仰和对科学家自然责任的忠诚，是实现完满理性的手段和条件，是对科学本质和科学方法的精神上的忠诚的必要条件。但这仅限于对客观事实、客观真理的判断和追求，超出这个范围，将之推广应用于社会化的科研活动的全部活动中，将无法阐明科学家的社会责任问题。

　　科学作为科学家从事的社会事业，需要科学家同时承担相应的自然和社会责任，但他们应该向谁负责或者说谁是责任客体？首先，科学家的自然责任源于科学家的价值观念、科学家对科学的社会功能及职业规范的理解。因此，它既要求科学共同体对自身及其内部成员负责，又要求科学家对自己的科学职业行为负责。这突出体现为科学家的职业自律和道德约束。其次，科学家的社会责任要求科学团体对政府、企业和公众负责。科学虽然有其自身的利益，但科学不是一种自给自足的职业，科学团体只有与国家、社会、企业和公众通过利益之网联系起来，才能维持自身的存在和发展。但可能出现的问题是，政府不仅可以通过经济手段对科学家的科研行为进行支持，而且还可以运用法律和政治手段进行干涉。企业作为科学应用的主体，不仅可以把科学家的研究成果转化为经济效益，而且还可以为了经济效益而迫使科学家从事某些危害社会的研究项目。因此，科学家的社会责任既要求他们求真——这是科学的内在价值使然，也就是追求真理的责任；同时又要求他们承担伦理责任——这是科学的外在价值使然。伯霍普（E. H. S. Burhop）指出："一个科学家不能是一个纯粹的数学家、纯粹的生物物理学家或纯粹的社会学家，因为他不能对他工作的成果究竟对人类有用还是有害漠不关心，也不能对科学应用的后果究竟使人们境况变好还是变坏采取漠不关心的态度，不然他不是在犯罪，就是在玩世不恭。"② 实现自然责任和社会责任的统一，是科学作为一种社会事业对科学家的基本要求。

　　科学家能否承担起社会赋予的责任？作为科学共同体的一员，科学家具有专门的科学知识，这使得科学家能比其他人更准确、更全面地预见这些科学知识可能的应用前景以及由科学的发展可能带来的风险，并能清楚地想象出科学发展的远景。因此，他们不仅有责任去预测、评估有关科学的正面和负面的影响，而且还负有对公众进行科学启蒙，让公众理解科学的责任和义务。科学社会学家齐曼（John Ziman）说："每一个科学家对这种再也不能与其他社会结构分开的共同体的'外部关系'负有某种责任。国家科学院、学术团体和大学在体制上卷入政

　　① 彭加勒. 伦理与科学. 载：任定成主编. 科学人文高级读本. 北京：北京大学出版社，117、125
　　② 伯霍普. 科学家的社会责任. 载：M. 戈德史密斯等. 科学的科学——技术时代的社会. 北京：科学出版社，1985. 27

治、商业和军事方面的问题，在这里，它们成员的伦理敏感性可能具有很重要的作用。作为'科学共和国的公民'的角色，科学家可以和其他人一起反对诸如生物武器的研制这类事情，虽然，当一个人服从于个人职业压力的时候，保持这种态度并不容易。"①

二、科学共同体

随着科研活动规模的不断扩展，科学研究已经从个体研究发展到集体研究、国家研究和国际研究。合作研究已经成为科学研究的主要方式，从事合作研究的科学共同体则成为科学活动的主导力量。朱克曼（H. Zuckerman）在《科学界的精英》中统计发现，1901~1972 年，共有 286 位诺贝尔奖获得者。其中，185 人（占总获奖人数的 2/3）是与别人合作进行研究的。控制论的诞生就是集体合作的结果。数学家维纳（Norbert Wiener, 1894~1964）和生理学家罗森布吕特（Arturo Rosenblueth, 1900~1970）共同领导一个由物理学家、工程师、医生和数学家组成的科学方法讨论会，正是在这种多学科合作的交流环境下，维纳完成了著名的《控制论》。正是在此背景下，有学者提出："科学家的创造活动无法离开某个共同体或学派，这是科学发展的一条重要规律。"②

（一）科学共同体的公众理解

在公众看来，科学共同体是一群专注于相似的研究对象、使用相似的实验仪器和表述语言、集中在少数几个刊物上发表研究成果、定期或不定期召开和参加相关学术会议的科学家群体。概言之，科学共同体是遵守同一科学规范的科学家所组成的群体。

科学学派是科学共同体的典型表现形式。③ 科学学派这种科学共同体形式之所以获得肯定评价，主要是它体现了巨大的科学能力，即在科学家中结成有力的学术纽带，造成群体竞争优势，并且成为学术自由的可靠保证。首先，科学学派体现了巨大的科学能力，科学学派是科学能力最重要体现，某一个科学学派的兴起往往可以带动某一国家或时代的科学繁荣，如化学中的李比希学派、数学中哥廷根学派、物理学中的哥本哈根学派和费米学派等。其次，科学学派在科学共同体中结成了一种有力的学术纽带，科学学派作为科学共同体的特殊组织和活动形

---

① 齐曼．元科学导论．长沙：湖南人民出版社，1988. 256
② 刘大椿．科学活动论 互补方法论．桂林：广西师范大学出版社，2002. 227
③ 刘大椿．科学活动论 互补方法论．桂林：广西师范大学出版社，2002. 229~236

式，既是高效率的合作机构，又是充满活力的竞争机构。朱克曼的统计指出，诺贝尔奖获得者大多出身于著名学派。例如汤姆孙（J. J. Thomson，1856～1940）和费米（Enrico Fermi，1901～1954）门下各有 6 人获奖、玻尔（Niels Bohr，1885～1962）的学生有 7 人获奖，卢瑟福（Ernest Rutherford，1871～1937）的弟子有 11 人获奖。再次，科学学派造成了一种群体竞争的势态，哥本哈根学派的餐厅讨论会、布尔巴基学派的辩论会和卢瑟福的星期五茶话会都是促使其学派创造的良好形式。科学学派为新生学说争取生存空间、冲破传统势力的束缚提供了条件，甚至可以说："学派是使潜科学成为显科学的助产婆。"① 最后，科学学派是学术自由的可靠保证，学术自由是科学发展的基本条件，不同学派的存在及其竞争是学术自由的最高形式。

科学学派的形成具有其内在的动力机制。首先是科学学派内核的存在，这种内核可以是某种共同的学术思想、方法、学说或机构，它们为该学派的科学家所遵守，并存在某个或几个公认的学术大师作为学派领袖。其次是要在学派领袖周围形成一个紧固的"核心群"，学派是一种内在的科学共同体，对内表现为一个向心的、思想合作的科学家团体，对外表现为一个排他的、学术竞争的坚强整体。最后是科学学派的传统性或排他性，科学学派体现了某种科学上、文化上根深蒂固的传统。例如，爱因斯坦和哥本哈根学派长期争论反映了两种哲学传统。学派的排他性和内向性总是共存的，没有排他性就不可能有趋向性和聚合力。在科学的常规发展阶段，占主导地位的学派的排他性有助于解题过程的顺利进行，它事先规定了一个方向，并使之容易组织力量有效地与其他学派进行学术竞争。在科学处于危机时期，排他性将加剧危机的程度，阻碍科学上的创新，从而反面激发科学革命的到来。

（二）科学共同体的范式诠释

科学共同体是随着范式（paradigm）一词广为人知的，在库恩（Thomas Kuhn）看来，科学共同体和范式是一体两面，科学共同体的规范是范式，范式的载体是科学共同体。尽管库恩本人对范式做出多种解释，后人对范式也有不同理解，仍然可以从与科学共同体相关的角度来把握范式的意义。按照库恩的说法，范式是一套科学习惯，在这套科学习惯的约束下形成了常规科学。范式既可以把那些处于竞争中坚定的拥护者吸引到自己周围，形成一个团结一致的科学共同体，又足以毫无例外地为重新组织起来的科学共同体留下各种有待解决的问题。因此，范

---

① 刘大椿. 科学活动论 互补方法论. 桂林：广西师范大学出版社，2002. 235

式就是科学共同体存在和工作的灵魂。①

　　库恩虽然没有明确说明科学共同体的动力机制，但他曾专门提到科学理论的选择问题，其中涉及科学家在某一范式下开展工作的理由。库恩认为诸如精确性、广泛性、简明性、富有成果等是科学哲学的理想标准，但最重要的是科学家应当学会估价这些标准的价值，并提供在实践中阐明它们的范例。库恩强调，理论选择的理由构成的是选择的价值，而不是选择的规则。② 由此可见，在库恩看来，科学共同体成员进行范式选择以及在范式下进行工作的动力，在很大程度上取决于他们对范式的信念，并通过维护、完善或抛弃某个范式时的态度反映出来。因此，范式作为库恩科学革命理论的核心概念，既是科学共同体的规范，也是促进科学发展的动力源泉，是来自科学内部的一种力量。

　　库恩的科学共同体的结构是一种标准的科学分类体系。库恩认为，科学共同体可以分为很多个等级：全体自然科学家是一个科学共同体；稍低一级的是各个主要科学专业集团，如物理学家、化学家、天文学家、动物学家共同体。要区分这种专业共同体，只要根据它们的最高问题、专业团体的成员情况和所读期刊就够了。用同样的方法还可以区分科学共同体的其他子集团，如有机化学甚至蛋白质化学家、固态物理学家和高能物理学家、射电天文学家等等……由此可以产生众多科学共同体，数学会少一点。个别科学家，特别是最有才华的科学家将同时或先后属于几个集团。③

　　库恩把科学的内部研究——范式的转化和外部研究——科学共同体的兴衰紧密地结合起来，认为科学是一项集体的事业，科学的进步与科学共同体的行动紧密相连。库恩说，一个范式，也仅仅是一个科学共同体成员所共有的东西。反过来，也正是由于他们掌握了共有的范式才组成了这个科学共同体，尽管这些成员在其他方面并无任何共同之处。④ 但库恩把科学的历史进程归结为科学共同体的兴衰，实际上是为了澄清范式理论而采取的解释策略。⑤ 范式是库恩科学革命理论的核心，但范式转换是库恩科学革命理论中最困难的问题，库恩意识到把范式转换机制归结为格式塔转化等非理性因素并不能充分说明问题，于是他便把问题拖到了科学共同体身上，企图从科学活动的主体角度寻找合适的说法。这样，范式成了科学共同体的规范，范式转换问题变成了科学共同体的兴衰问题。

---

　　① 库恩. 科学革命的结构. 上海：上海科学技术出版社，1980.8
　　② 拉卡托斯，马斯格雷夫. 批判与知识的增长：1965 年伦敦国际科学哲学会议论文汇编. 第四卷.北京：华夏出版社，1987.351，352
　　③ 库恩. 必要的张力. 福州：福建人民出版社，1981.292，293
　　④ 库恩. 必要的张力. 福州：福建人民出版社，1981.291
　　⑤ 王彦君. 试析两种科学共同体理论的不可通约性. 科学技术与辩证法. 2002，(3)：52，53

（三）科学共同体的规范诠释

与库恩的解释不同，默顿（Robert Merton）认为形成科学共同体的规范是科学的精神气质。按照默顿的说法，这是有感情情调的一套约束科学家的价值和规范的综合。这些规范用命令、禁止、偏爱、赞同的形式来表示。它们借助于习俗的价值而获得合法地位。它包括普遍主义（universalism）、公有主义（communism）、无私利性（disinterestedness）、有条理的怀疑主义（organized scepticism）等。普遍性是指对正在进入科学行列的假设的接受或排斥，不取决于该学说的倡导者的社会属性或个人属性，也就是说与他的种族、国籍、宗教、阶级和个人品质无关。公有性是指任何科研成果都是社会协作的产物，并且应该分配给全体社会成员，发现者和发明者不应据为私有。无私利性是指科学研究包括其成果的可证实性，实际上要受到同行专家的严格审查，并通过科学家对其同行的最终负责而获得有效的支持，反对欺骗、诡辩、夸夸其谈、滥用专家权威等。有条理的怀疑性是指坚持用经验和逻辑的标准，审查和裁决已确立的规则、权威、既定程序的某些基础以及对一般的神圣领域提出疑问等。① 这些行为规范是科学共同体区别于其他社会群体的内在规定性。

默顿进一步讨论了科学共同体的社会运行机制，即科学共同体成员是积极从事科学活动、推动科学进步的力量源泉。默顿认为，科学共同体的主要动力是科学的奖励系统，这也是默顿科学社会学研究的核心，他把科学发现的优先权争论看做是科学本身体制方面的规范产物，因为科学家的任务就是扩充准确无误的知识。②

加斯顿指出，科学奖励系统的本质就是科学共同体根据科学家的角色表现所予以的承认。科学奖励系统的功能，一方面是鼓励科学家做出独创性的发现，另一方面是在科学的社会控制方面发挥作用。

与库恩的科学共同体的分层结构类似，默顿的科学家共同体也可以进行类似的划分。在默顿看来，既然科学的目的是扩充准确无误的知识，科学共同体结构的划分标准就是共同体成员对科学知识的贡献程度，而贡献通常是由科学共同体的特有财产——社会承认来衡量的。社会承认的形式主要有荣誉奖励、职业位置和知名度等。③ 在科学的社会分层中，处于等级体系顶端的只是少数人，如爱因斯坦、普朗克、玻尔、费米等；仅次于这少数几个人的是那些卓越的科学家、诺

---

① 默顿. 科学社会学. 北京：商务印书馆，2003. 358~376
② 默顿. 科学的规范结构. 科学与哲学. 1982，(4)，140
③ 乔纳森·科尔，斯蒂芬·科尔. 科学界的社会分层. 北京：华夏出版社，1989. 51~67

贝尔奖获得者、国家科学院院士等；位置更下的是一些不太著名的、影响较小的科学家。① 因此，默顿科学共同体的分层结构打破了学科的界限，它可以把不同学科的精英人物相提并论，诺贝尔物理学奖获得者同化学奖获得者是同一层次的科学家。这表明，默顿所理解的科学共同体结构与库恩所理解的科学共同体具有完全不同的结构。

库恩和默顿的两种科学共同体理论的出发点对"科学"概念的理解和侧重点不同。默顿认为，科学是一个易于引起误解、含义极其广泛的名词。我们的关心与科学的文化结构有关。因而，我们将要考虑的不是科学的方法，而是束缚科学方法的惯例。② 默顿关注的是科学作为一种社会建制的性质，他的科学社会学主要研究科学家的社会角色，科学活动的社会结构和社会关系，也就是研究社会规律在科学行为中的运行特征，而不是直接面对科学知识本身。因此，默顿的科学社会学是把科学家及其共同体当做直接研究对象，并以科学的精神气质为核心规划了科学共同体的结构和动力。库恩的科学观念则较为正统。他首先以研究科学史为目的写作了《科学革命的结构》，企图勾画出一种科学观，一种可以从科学研究的历史记载本身浮现出来的科学观。他没有特别说明对科学的看法，而是默许了一般的科学观念，即承认科学的知识属性。库恩的科学世界观是一个知识的世界，他所关心的是这个知识世界的内在运行规律——一种反对累积式、提倡革命式运行规律的进步模式。③

（四）作为知识建构主体的科学共同体

库恩和默顿对科学共同体的理解定位于科学共同体之内。这就为科学共同体的微观研究留下了空间。实验室社会研究的一个直接后果就是促成了经典科学社会学的解构和科学知识社会学的成熟，当然其中包括对科学共同体的深切认识。

实验室社会研究表明，科学共同体不仅是"科学实在"的反映主体，而且是"科学实在"的构造主体。科学知识社会学家通过对实验室的长期社会考察后发现，实验室实在是被科学家高度建构起来的，如实验仪器是按照实验原理的要求构造的，进入实验室的各种原材料是经过精心设计和筛选的，科学家在科学实验中最关心的问题不是发现新的科学事实，而是把仪器操作好，把原料准备好。因此，实验室实在是科学共同体高度建构的产物，科学家之间的意见分歧和相互

---

① 乔纳森·科尔，斯蒂芬·科尔. 科学界的社会分层. 北京：华夏出版社，1989. 44~49
② 默顿. 科学的规范结构. 科学与哲学. 1982，（4），120
③ 王彦君，吴永忠. 试析两种科学共同体理论的不可通约性. 科学技术与辩证法，2002，（3），52

妥协还影响到仪器操作和原料准备。①

　　科学共同体的建构作用不仅涉及实验室实在的构造，而且涉及选择程序和决策标准的变更，如测试手段的选择、物理环境的选择、实验时间的选择，而且前后相继的选择还相互影响，选择标准还取决于实验者的偏好和各种标准间的功能比较。一份待发表的实验报告就是科学共同体在这些选择、权衡中写出来的。选择标准的协商、选择程序的变更等都会对报告的内容产生影响，以至于即使在同一实验室内及相同物理环境中，由于存在着选择标准、选择程序的权衡，要在同一实验中找出两份完全雷同的实验报告是不可能的。

　　科学知识在生产过程中总存在着不确定性，不仅受到实验室内特定情境因素的制约，而且还受到来自外在情境的干扰。例如，生产成本与社会收益评估的经济因素经常影响知识的生产过程。科学知识社会学家发现，知识生产和商品生产一样是由市场需求决定的。实验室要维持生存和发展，就必须以市场需求来定位，即使在被认为是探讨物质结构、揭示自然规律的基础科学知识生产领域，实验室为赢得社会认同有时也必须要考虑杂志编辑和图书出版商的偏好。因此，实验室负责人不仅仅充当科学家的角色，通常还要就实验课题的选择、实验计划的实施、实验结果的评价、实验资本的投入等同政府科学基金组织、工业界、出版界，乃至社会慈善机构进行磋商。在这个意义上，科学共同体的外延已经跨越纯科学共同体的范围而延伸到政府、企业与社会，进而形成更具社会意义的"行动者网络"。②

第三节　科研模式与科学精神

　　在科学研究中，科学方法常常处于探讨的中心地位，科学假说的发展和确认，科学理论的结构和功能，科学精神的形成和作用，都牵涉到科学方法这个根本问题。总结科学家的科研经历，我们可以把科研模式主要概括为经验归纳模式、逻辑演绎模式、否证模式、多元主义认识模式等类型。

一、科研模式

（一）基于科学事实的经验归纳模式

　　培根（Francis Bacon）说："寻求和发展公理的道路只有两条：一是从感觉

①　拉图尔，伍尔加．实验室生活：科学事实的建构过程．北京：东方出版社，2004
②　拉图尔．科学在行动：怎样在社会中跟踪科学家和工程师．北京：东方出版社，2005

和特殊事物飞跃到最普遍的公理，把这些原理看成固定和不变的真理。这条道路是现在流行的。另一条道路是从感觉和特殊事物把公理引申出来，然后不断地上升，最后达到最普遍的公理。这是真正的道路，但是还没有试过。"① 由培根开创的科学归纳法，上承亚里士多德（Aristoteles）古典归纳法，下启现代归纳法，在归纳认识模式中具有划时代意义。

亚里士多德是古典归纳法的集大成者，他把归纳法分为简单枚举归纳法和直觉归纳法两类。简单枚举归纳是经验认识层次的最简单的概括方法，亚里士多德将其称为第一类归纳法。完全归纳属于简单枚举归纳，但它在科研中运用的情况是罕见的，因为对于无穷事件集合来说，不可能枚举完毕，即使对有穷集合，要穷举所有元素也是难以实现的，并且完全归纳的结果并不能增加多少知识。因此现实中，科学家往往只根据事件集合中的部分元素具有的某种属性或关系，就对事件整体做出普遍结论，把个别判断中获得的科学知识推广到整体中去，这是不完全归纳或简单枚举归纳。但是，在应用简单枚举归纳进行科学概括时，从部分到整体、从个别到一般的过渡是以飞跃的形式实现的归纳猜测，而并非必然正确的逻辑演绎，因此，只要其中存在一个特殊的反例，就足以使归纳结论的整个大厦倾覆。直觉归纳法是亚里士多德列举的第二类归纳法。在直觉归纳法中，归纳指的是一种思维过程。人们从某个随机的子集合中发现某种共同的性质或关系，于是顿悟式地把这种性质或关系推广到某个事件集合中。亚里士多德举例说，一个人在若干情况下注意到月球亮的一面朝向太阳，他由此推断出月光是由于太阳光的反射。直觉归纳是一种在感觉经验资料中洞察本质的能力，有许多数学猜想——费马猜想、哥德巴赫猜想等，都来自于科学家的直觉归纳。但是通过观察和比较而得出结论的过程，并不是精确的逻辑推论，因此得出的结论是或然的。直觉归纳是领悟、发现和洞察某种关系或属性，而不是运用任何逻辑规则的结果，直觉归纳的猜测和发现过程，对于科学概括往往是非常重要的。

培根在批判亚里士多德古典归纳法的基础上提出了科学归纳法，开创了实验科学研究的新时代。科学归纳法要求从对一类现象的大量个别事物的观察和实验中，按照严格的逻辑程序，推断出这类现象的一般结论。基本步骤如下：

第一步，广泛搜集自然史和科学实验材料。丰富而全面的经验材料是科学归纳法的基础和前提，"这是一切的基础：因为我们不是要去想象或假定，而是要去发现，自然在做什么或我们可以叫它去做什么。"② 在搜集经验材料的各种手段中，培根特别强调科学实验的作用。他认为，科学实验较之其他手段具有明显优势，它能简化、纯化或再现复杂的自然现象，获得可靠的直接经验，从而发现

---

① 北京大学哲学系外国哲学史教研室．十六—十八世纪西欧各国哲学．北京：商务印书馆，1975．10
② 培根．新工具．上海：商务印书馆，1936．117

或证实科学假说和理论。

第二步，整理经验材料。为了有序地整理经验材料，探求被研究对象的因果联系，培根提出了"三表法"：第一表是"本质和具有表"，即搜集那些即使本质不同但在某一性质上相同的例证，其目的是搜集和记录被研究对象的正面例证；第二表是"差异表"，即搜集那些表面看来相似但本质不同的例证，其目的是搜集和记录有关研究对象的反面例证；第三表是"程度表"，其目的是搜集和记录有关研究对象以不同程度出现的例证。

第三步，拒斥或排除。对已整理事例进行归纳的最重要方法是排斥法和否定法。培根说："真正归纳法的第一步工作乃是要把某个事例中所与性质出现而它不出现的性质，或者某个事例中所与性质不出现而它出现的性质；或者某个事例中所与性质减少而它增加的性质，或者某个事例中所与性质增加而它减少的性质，一概加以排拒或排除。"①

第四步，得到初步结论。在经过详细搜集材料、分类整理材料、排除无关因素之后，就可归纳得到初步结论，完成认识自然的归纳过程。培根坚信，科学归纳法能够揭示事物的本质和规律，是科学研究唯一正确的方法。

培根的科学归纳法是以探求事物间因果关系为对象的逻辑方法，其根本目的不是用于争辩或论证，而是通过探寻事物的客观必然的因果联系，从而为认识客观真理、把握事物规律开辟一条新路。培根的科学归纳法为近代归纳逻辑的发展奠定了坚实的基础。他的以科学实验为基础的归纳法既注重正面的例证，又注重反面的例证，这比简单枚举法要丰富得多、深刻得多。科学归纳法对于开拓人们的视野、提高人们对归纳法的研究和应用具有重要意义。英国逻辑学家穆勒正是在继承和发挥培根的科学归纳法的基础上提出了著名的"穆勒五法"，成为科学研究培根模式的新发展。

穆勒（John Mill）在《逻辑体系》中系统阐述了"穆勒五法"——契合法、差异法、契合差异法、共变法和剩余法。作为探求实验对象之间因果联系的科学方法，"穆勒五法"在科学研究中有着广泛而深远的影响。

第一，契合法。其内容是：考察几个出现某一被研究现象的不同场合，如果各个不同场合除了一个条件相同外，其他条件都不同，那么，这个相同条件就是某一被研究现象的原因。因为这种方法是异中求同，所以又叫求同法。例如，英国某农场10万只火鸡和小鸭吃了发霉的花生，在几个月内死了。后来用这种花生喂羊、猫、鸽子等动物，又发生了同样的结果。上述各种动物致死的前提条件中，对象、时间、环境都不同，唯一共同的因素就是吃了发霉的花生。于是人们

---

① 培根. 新工具. 上海：商务印书馆，1936. 145

推断：吃了发霉的花生可能是这些动物死亡的原因。后来通过化验证明，发霉的花生内含黄曲霉素，黄曲霉素是致癌物质。这个推断就是通过契合法得出的。契合法的结论是或然性的，为了提高契合法结论的可靠性，应注意以下两点：一是结论的可靠性与考察场合的数量有关。考察的场合越多，结论的可靠性越高。二是有时在被研究的各个场合中，共同因素不止一个。因此，在观察中应通过具体分析排除与被研究现象不相关的共同因素。

第二，差异法。其内容是：比较某一现象出现的场合和不出现的场合，如果这两个场合除一点不同外，其他情况都相同，那么这个不同点就是这个现象的原因。因为这种方法是同中求异，所以又称之为求异法。运用差异法进行比较的两个场合一定要只有一点不同，其他情况都相同，但是这种条件在通常情况下是少见的，因而差异法常和实验直接联系。运用差异法应注意以下两点：一是必须注意排除除了一点外的其他一切差异因素，如果相比较的两个场合还有其他差异因素未被发觉，结论就会被否定或出现误差。二是注意两个场合唯一不同的情况是被考察现象的全部原因还是部分原因。

第三，契合差异法。其内容是：如果某一被考究现象出现的各个场合（正事例组）只有一个共同的因素，而这个被考察现象不出现的各个场合（负事例组）都没有这个共同因素，那么，这个共同的因素就是某一被考察现象的原因。例如，某医疗队为了了解地方病甲状腺肿的原因，先到这种病流行的几个地区巡回调查，发现这些地区地理环境、经济水平都各不相同，但有一点是共同的，即居民常用食物和饮用水中缺碘。医疗队又到一些不流行该病的地区去调查，发现这些地区地理环境、经济水平也各不相同，但有一点是共同的，即居民常用食物和饮用水中不缺碘。医疗队综合上述调查情况后，认为缺碘是产生甲状腺肿的原因。后来对病人进行补碘治疗，果然疗效甚佳。这一结论就是通过契合差异法而得出的。应用契合差异法应注意以下两点：一是正反两组事例的组成场合越多，结论的可靠程度就越高；二是所选择的负事例组的各个场合应与正事例组各场合在客观类属关系上较为相近。

第四，共变法。其内容是：在其他条件不变的情况下，如果某一现象发生变化另一现象也随之发生相应变化，那么，前一现象就是后一现象的原因。例如，一定压力下的一定量气体，温度升高，体积增大，温度降低，体积缩小。气体体积与温度之间的共变关系，说明气体温度的改变是其体积改变的原因。应用共变法应注意以下几点：一是不能只凭简单观察，来确定共变的因果关系，有时两种现象共变，但实际并无因果联系；二是共变法通过两种现象之间的共变，来确定两者之间的因果联系，是以其他条件保持不变为前提的；三是两种现象的共变是有一定限度的，超过这一限度，两种现象就不再有共变关系。

第五，剩余法。其内容是：如果某一复合现象已确定是由某种复合原因引起的，把其中已确认有因果联系的部分减去，那么，剩余部分也必有因果联系。例如，居里夫人为了弄清一批沥青铀矿样品中是否含有值得提炼的铀，对其含铀量进行了测定。令他们惊讶的是，有几块样品的放射性甚至比纯铀的还要大，这就意味着在这些沥青铀矿中一定含有别的放射性元素。同时，这些未知的放射性元素只能是非常少量的，因为用普通的化学分析法不能测出。含量小而放射性强，说明该元素的放射性要远远高于铀，经过艰苦努力，他们终于分离出放射性比铀强的钋。钋元素的发现，应用的就是剩余法。应用剩余法应注意以下两点：一是确知复杂现象的复杂原因及其部分对应关系不得有误差，否则结论就不可靠。二是复合现象的剩余原因，可能是更复杂的情况，需要进行再分析，不能轻率地下结论。

穆勒五法在科学认识活动中具有重要作用。首先，它帮助科学家从经验实事中寻找普遍定律，这是科学研究的基本工作。科学史研究表明，大多数自然科学的经验定律和经验公式都曾经借助科学归纳法进行概括，如奥斯特定律、法拉第定律、巴斯德消毒法和詹纳免疫法等。其次，它为合理安排实验提供了逻辑依据。在科学实验中，为了寻找实验对象的因果联系，把实验安排的合理有效，必须参照判明因果联系的科学归纳法安排重复性的科学实验，以便考察和检验实验条件与研究对象之间是否具有同一关系；或者人为地改变某一条件进行对照实验，以便考察实验条件与结果是否存有差异关系、共变关系等。实验安排得当，才能以简明、确定和经济的方式表现出事物的因果联系，为我们提供可靠的科学实事。

穆勒五法通过比较不同方式的变化，为从个性中揭示共性创造了有利条件，具有很高的认识价值。但并非所有的个性都反映事物本质，有些属性为某类事物全体共有，有些则只存在于部分事物中，所以从个性中概括出的结论并不一定是事物的共性和本质。这说明科学归纳法只是一种或然性的推论，人们之所以应用归纳方法进行科学概括的哲学根据是：自然界不仅存在着现象之间的相互关系，而且存在着现象之间的因果制约性。有时，这种因果联系还具有单值决定的性质。换言之，穆勒五法有效运用的哲学前提是因果联系的客观性原理和单值决定性原理。① 单值决定性原理不是普遍适用的自然规律，它仅在十分有限的范围内是有效的。现代科学表明，外部世界的规律具有概率性质。必然性与偶然性、原因与结果是矛盾统一的。随着机械观的衰落，暴露了单值决定性原理的缺陷。在

---

① 刘大椿. 科学活动论 互补方法论. 桂林：广西师范大学出版社，2002.79

现代科学认识活动中，单独运用穆勒五法的情况已经减少，但它与其他方法的联合应用尤其是共变法的完善化促进了现代归纳法的发展。

统计归纳法。如果说穆勒五法在很大程度上是以单值决定论为前提，那么，随着机械观的衰落和大数现象愈益进入科学认识领域，统计归纳法的作用愈益重要了。统计归纳法分为样本统计和统计推论两个阶段。

所谓大数现象是指事物变化发展表现出多种不同的可能性，究竟哪种可能性最终成为现实则是偶然的。按照机械决定论的观点，事物发展变化的规律是恒常不变、毫无例外的，对任何同质事件或现象都表现为同一形态，但是统计规律却只能作为占优势的趋势出现，而这种趋势无法在每一个单独的事件或现象中被观察到，只有通过对大量事件或现象的研究从整体上得以发现。因此，如果在研究大数现象时，仍像在简单枚举归纳或穆勒五法中那样，把在个别情况下获得的某种特性外推到所有情况，很可能是完全错误的。

为了得到大数现象的统计规律，首先需要在对集合深刻理解的基础上，收集、分析和整理大量的原始材料和数据，进而进行统计加工，以便形成统计实事。统计实事是对直接观察和实验结果所作的统计概括，现代统计方法给出了许多复杂而有效的概括实事的方法。但是无论哪种统计方法，最关键和最困难的问题是确立统计样本与表征总体之间的一致性，为此在样本选取时必须遵循以下三个要求：一是扩大样本的选取范围。样本的容量越大，样本反映总体的可能性就越大，但这个要求必须与科学研究的实际情况结合起来，保证样本统计的可行性。二是样本的代表性。要求选取出来的样本应当类似总体的结构，以便能把样本看做总体的模型，为把样本的属性外推到总体提供依据。三是样本选取的随机性。为了保证统计结果的客观性，随机选择不偏袒任何因素，从而尽量排除选择的主观性和预谋性。这种偏见在科学实验和其他以人为对象的试验中是固有的。随机化选样能使实验结果直接进入数学研究。

统计推断是统计方法的延伸，它作为命题是客观统计规律的表现，作为方法是认识统计规律的手段。统计推断常常是发现事物因果联系过程中的重要步骤，但统计推断本质上仍然属于或然性推论，其前提和结论之间仅存在或然性联系，因为统计推断结论所断言的范围超出了前提所断言的范围。同时，统计方法仍属于科学认识的经验层次，因为它是从观察和实验中得来的原始材料和数据的直接加工，但由于采用了概率统计的方法，统计推论是或然性推论的精确化形式，体现了归纳方法和演绎方法的某种统一。

类比归纳法。科学归纳法和统计归纳法都是从部分知识向整体知识的过渡，类比则是由一个客体的系统知识向另一个客体的系统知识的过渡。人们在研究一个对象（原型）时，发现它与另一个对象（模型）在一系列本质特征上类似，这时，就可以运用类比推论，把模型所具有的特定性质或关系当作一般的东西，推测原型也具有同样的性质或关系。简言之，"类比就是根据两个对象之间的相似性，把信息从一个对象转移给另一个对象。"① 显然，类比推论是或然性推论。类比推论的关键是建立用以类比的对象系统——模型。模型是主体创造或选择的一个简化系统，它简化地复现了相应于认识目的而言的研究对象的本质方面，因此模型与原型处于代替、相似或同构关系，以至关于模型的研究成为原型研究的间接方式。类比方法作为科学概括中行之有效的一种方法，有其哲学认识论的客观根据。获得正确类比推论的可能性，根植于自然界是一个合乎规律的统一体系：世界是多样性的统一。这就使我们可能在一个领域内找到另一个领域的模型。

模型和原型可能在不同层次上具有类似性，根据类比归纳中模型的种类和层次，可以把类比分成物理类比、数学类比和控制系统类比。

第一，物理类比。物理类比即科学研究中常见的模型类比。它涉及的是两种类比对象在物理性质上的实质对应关系，自然现象为构造物理模型提供了无限的可能性，优秀的科学家善于通过类比实现自然图景之间的转变。

第二，数学类比。与物理类比在物理性质或结构上进行比较不同，数学类比着眼于两个对象系统数学方程的共同形式。虽然数学类比同样是处理物理系统，但并不直接进行模型类比，而是对模型作数学描述，建立起模型的数学关系，并使之和原型的数学关系相对应，这样，物理模型类比就转化为数学系统类比。如果已知一个系统中的某个函数，便可以通过解方程而求出第二个系统的相应函数。例如，根据流体力学方程和电动力学方程在形式上的相似，可以运用数学类比。从电流试验中得到的结果，就能类推为流体（水）所有，而不必直接研究流体（水）系统本身。数学类比可分为两种情形：一是在两个对象系统之间有若干属性相似，并且两者的数学方程式形式相同，运用类比方法可推出它们在其他主要属性方面是相似的。二是由于已知两个对象系统的主要属性相似，运用类比方法推出它们的数学方程式在形式上是相同的。德布罗意提出物质波理论就是数学类比的结果，既然光具有 $\lambda = h/p$ 的关系，假定物质粒子像光一样具有波粒二象性，那么，按照数学类比的第二种情形，德布罗意推断物质粒子的波长和动量之间也应具有同样的数学关系，即 $\lambda = h/hv$。根据这一公式，他算出中等速度电子的波长应相当于 X 射线的波长，到 1927 年，德布罗意的惊人预言和推论被戴维森等电子衍射实验证明。

第三，控制系统类比。控制论模型不同于物理模型和数学模型，它并不表现

---

① 刘大椿. 科学活动论 互补方法论. 桂林：广西师范大学出版社，2002. 89

为纯粹的数学形式，而要求使用某种呈模型形式的系统观念。就是说，控制论模型既保持数学严密性的特点，又需要对作为结构体系的被模型化的客体进行定性描述。在控制系统类比中，被研究系统各元素间相互作用可以借助数理逻辑、程序设计理论和运筹学来表达，模型的建立可以通过计算机模拟来实现。当人们只能研究模型而不能研究原型的时候，控制系统模型具有特殊重要的意义，它为研究复杂系统的行为和功能提供了新的可能。我们把具有同样输入和输出值、对外部作用有同样反应的系统称为同构系统，显然，在任何同构系统之间，都存在原型和模型关系，这样就可以从一个系统行为和功能类比推论出其他同构系统的行为和功能。

类比归纳是最具启发作用的或然性推论，随着现代科学的相互交叉和渗透，类比归纳法在科学认识中的作用愈益显著。首先，它能启发人们提出各种假说和判断，康德说："每当理智缺乏可靠论证的思路时，类比这个方法往往能指引我们前进。"① 其次，类比是使思想具体化的手段，人们经常借助所研究的对象与其他类似对象的比较，使模糊的思想内容明晰起来，尤其是当无法直接看到研究对象时，类比的作用尤其明显。例如气体分子相互作用与弹性球碰撞的类比等。再次，类比方法为模型实验提供了逻辑基础。模型实验以模型和原型之间的相似性为根据，在模型和原型间进行类比，即运用类比推论，由模型实验的结果来推论原型的规律。类比正是模型实验的逻辑根据，没有类比，既不可能建立原型的模型，也不可能把模型上的实验结果转移到原型上去。最后，类比方法在开发研究中具有突出作用，如仿生设计、循环经济、生态农业等。但是类比推理只是或然性类推，其结论往往是不可靠甚至错误的。法国天文学家勒维列曾成功地根据天王星轨道的摄动现象，预言了海王星的存在，但当勒维列把水星轨道的进动现象与天王星轨道的摄动现象进行类比，做出存在一个"火神星"的推论，却是错误的。事实上，水星进动只是一种广义相对论效应，"火神星"根本是子虚乌有。类比推论之所以具有或然性，原因在于尽管事物之间的同一性提供了类比的根据，但差异性却限制了类比推论的可靠性。在任何两个相似事物之间总有特殊的差异性。人们根据其同一属性进行类比推论时，如果推出的属性正好体现了它们的差异性，类比推论就是错误的。另外，类比的逻辑根据是不充分的，相似的属性和推出的属性之间并不具有必然的联系，而类比推论是在不知道它们是否具有必然联系的情况下进行的。因此，类比有时能使人走向科学发现的道路，但却不能证明或反驳科学命题或假说。

---

① 康德. 宇宙发展史概论. 上海：上海人民出版社，1972. 147

（二）　基于科学抽象的逻辑演绎模式

随着近代自然科学的兴起和数学方法在自然科学研究中的大量应用，数学方法受到人们的高度重视。达·芬奇（Leonardo Da Vinci，1452～1519）把数学作为科学论断的真理性标准，认为凡是不能运用数学的地方，凡是跟数学没有关系的地方，科学也就没有任何可靠性。伽利略（Galileo Galilei，1564～1642）说，如果不首先掌握大自然的数学语言，自然之书是无法理解的。笛卡儿（Rene Descartes，1596～1650）把数学作为思维明晰性和可靠性的典范和"一切学科的源泉"及"通往其他科学的图景"。他说："算术和几何之所以远比一切其他学科确实可靠，是因为只有算术和几何研究的对象既纯粹又单纯，绝不会误信经验已证明不确实的东西，只有算术和几何完完全全是理性演绎而得的结论。这就是说，算术和几何极为一目了然、极其容易掌握，研究的对象也恰恰符合我们的要求，除非掉以轻心，人是不可能在这两门学科中失误的。……探求真理正道的人，对于任何事物，如果不能获得相当于算术和几何那样的确信，就不要去考虑它。"① 显然，笛卡儿的方法论旨趣是数学推理的严密性和结论的精确性。

分析—综合方法是对数学演绎方法的运用，是笛卡儿用来直接认识对象和获取知识的根本方法，笛卡儿在《方法谈》一书中归纳出四条基本的方法原则：②

第一，确定性原则。笛卡儿说："决不把任何我没有明确认识其为真的东西当作真的加以接受，只把那些十分清楚明白地呈现在我的心智之前，使我根本无法怀疑的东西放进我的判断之中。"③ 然后以充分知晓、无可置疑的知识为起点，推演出其他知识来。在笛卡儿看来，唯一符合根本无法怀疑这一条件的，只有理性直观以及它通过记忆的传递所保证的演绎推理，前者是指我存在、我思想、上帝存在、数学公理等天赋观念，后者虽是推理结论，但因其是从真实原理中演绎出来的而具有不证自明的确实可靠性。

第二，分析性原则。即分解对象，从对象中透析出它所包含的一切东西，以发现结果是取决于原因的。笛卡儿说："把我所考察的每一难题，都尽可能地分成细小的部分，直到可以而且适于圆满解决的程度为止。"④ 但是，笛卡儿所谓的"分析"不是外延的分析，而是内涵的分析。或者说，不是从一般到个别或

---

① 笛卡尔．探求真理的指导原则．管震湖译．北京：商务印书馆，1991.6，7
② 郑伟．试论笛卡尔的哲学方法论体系．哲学研究.1997，(4)：70～72
③ 北京大学哲学系外国哲学史教研室．十六—十八世纪西欧各国哲学．北京：商务印书馆，1975.144
④ 北京大学哲学系外国哲学史教研室．十六—十八世纪西欧各国哲学．北京：商务印书馆，1975.144

特殊（如把"行星"分为金星、木星、水星、火星等），而是从个别或特殊到一般（如从火星分析出行星的物质构成、运行轨道、体积大小等一切行星的共性）。通过这种内涵分析，把特殊概念所包含的性质分析出来，形成一个新的科学概念，然后对这个新概念进行分析，从而形成一个更新的概念，同时把对象中的非本质因素排除掉，直到形成一个最简单和清楚的概念。

第三，次序性原则。笛卡儿说："按照次序引导我的思想，以便从最简单、最容易认识的对象开始，一点点逐步上升到对复杂对象的认识，即便是好多彼此之间没有自然的先后次序的对象，我也给它们设定一个次序。"[①] 次序大体分为概念排列次序和认识次序。概念排列次序是指"最先提出的东西应该是用不着后面的东西的帮助就能认识；后面的东西应该是这样地处理，即必须只能被前面的东西所证明"[②]。认识次序是"把混乱暧昧的命题逐级简化为其它较单纯的命题，然后从直观上一切命题中最单纯的那些出发，试行同样逐级上升到认识其它一切命题"[③]。次序原则中的"次序"是指从最简单和容易认识的对象出发，逐步上升到对复杂对象的认识，笛卡儿将之称为"综合"。综合法的认识方向与分析法正好相反：在分析法中，认识是沿着向下的方向，从复杂的对象中透析出最简单和最易认识的对象；在综合法中，认识是沿着向上的方向，即从作为分析结果的简单对象出发，逐步将分析过程中排除掉的个别或特殊东西恢复起来，经过一个持续的逻辑过程，从已知的真实原理中演绎出新结论，最后达到对复杂对象的本质认识。由于结论已经包含在前提中，因此只要前提原理正确，结论就必然具有确实可靠性。

第四，充足列举原则。笛卡儿说："把一切情形尽量完全地列举出来，尽量普遍地加以审视，使我确信毫无遗漏。"[④] 要获得确实可靠的结论，必须以连续的思维运动逐一审视所要探求的一切环节，但往往由于环节过多而无法全部予以通观，难以识别初始原理与结论之间的必然关系。在这种情况下，充足列举就十分必要。笛卡儿强调，充足列举应该是完的、有序的，即有秩序地详细审视一切事物，把它们全都按照最佳秩序加以安排，使其中大部分归入一定的类别，准确查看其中每一事物，从而达到预期目的。

由上可见，笛卡儿模式的实质是数学化演绎方法，演绎推理的根本特点是：前提与结论之间的联系具有蕴含关系，或者说前提与结论之间是必然性推理。在

① 北京大学哲学系外国哲学史教研室．十六—十八世纪西欧各国哲学．北京：商务印书馆，1975. 144
② 笛卡尔．第一哲学沉思集．庞景仁译．北京：商务印书馆，1986. 157
③ 笛卡尔．探求真理的指导原则．管震湖译．北京：商务印书馆，1991. 21
④ 北京大学哲学系外国哲学史教研室．十六—十八世纪西欧各国哲学．北京：商务印书馆，1975. 144

演绎推理中，从真实的前提出发，运用有效的推理形式必然得出真实的结论。前提真，结论必真；结论假，前提必假。这是演绎推理的基本特点。①

运用构造性语言作为科学知识的模型，是笛卡儿模式对科学的重要贡献之一。演绎理论是构造性语言的一种特殊形式。演绎语言是不考虑符号之外意义的某种符号组合，称之为演绎体系。公理化系统是典型的数学化演绎体系，它从一些不证自明的公理出发，根据演绎规则，推导出一系列定理，从而构成一个演绎体系，这种理论体系称为公理系统。欧几里得几何就是几何学中的一个公理系统。公理化方法可以用来整理已知的科学知识，构造理论体系。演绎体系－公理化系统被认为是构造科学知识的最完美、最高级的形式。

作为知识构造方法的笛卡儿模式表现在科学认识中就是假说－演绎方法的广泛应用和逐步完善。所谓假说－演绎方法，就是在深入研究对象系统的基础上，根据观测和实验所得到的科学事实，以及在科学事实基础上所做的科学概括，经过理论思维的加工创造，提出作为理论基本前提的假说。再以假说作为科学理论的出发点，逻辑地演绎出各种推论，构成一个理论系统，这个理论系统恰好能解释和预见所研究对象系统的各种现象。②

假说－演绎方法可以追溯到亚里士多德的归纳－演绎方法。亚里士多德主张，科学家应该从解释的现象中归纳出解释性原理，然后再从包含这些原理的前提中，演绎出关于现象的陈述。亚里士多德认为，必然的知识应该从解释性原理演绎出来。其知识结构如下：在一般性的最高层次，是涉及所有证明的第一原理，即同一律、矛盾律和排中律，它们可以应用于一切演绎论证。在一般性的次高层，是特殊科学的第一原理和定义。在一门具体科学中，像这样的第一原理是不可能从更基本的原理中推演出来的，而这门科学中的一切真命题都要以它们为证明的出发点。

罗吉尔·培根（Roger Bacon）进一步推进了亚里士多德的科学理论结构体系。他建议把研究的第三阶段加在亚里士多德的归纳－演绎程序上。在研究的第三阶段，归纳出的原理要接受进一步的经验检验。亚里士多德曾满足于演绎出关于作为研究出发点的同一现象的陈述，培根则要求演绎出新的能与经验耦合的事实。伽利略提出的实验－数学方法进一步完善了培根的假说－演绎理论结构体系。伽利略认为，物理学原理必须来自观察和实验，受观察和实验检验，用数学公式定量地表示出物体运动的规律。将力学实验与数学方法相结合，导致第一个完整的科学理论——牛顿力学体系的建立。伽利略的实验——数学方法包含着两个重要的认识论原则：一是科学认识必须建立在观测实验的基础上；二是科学认

---

① 教育部社会科学研究与思想政治工作司. 自然辩证法概论. 北京：高等教育出版社, 2004. 102
② 刘大椿. 科学活动论 互补方法论. 桂林：广西师范大学出版社, 2002. 128

识不应当是零散的事实堆砌，它们之间必须有确定、必然的联系，这种联系要力求用数学公式定量地表达出来。这两个原则现已经很好地体现在假说－演绎体系中，牛顿力学就是典型范例。

牛顿创造力学体系的方法论实质是用一个与经验联系的公理系统来组织科学认识，具体可分为以下几个方面：首先提出一个公理系统。公理系统是通过演绎，特别是数学关系组织起来的公理、定义和定理体系。牛顿力学体系就是以三定律为定理的公理体系。其中，用公理和定理的形式规定了诸如"匀速直线运动"、"运动变化"、"外力"、"作用与反作用"等术语之间的恒常关系。这个公理系统本身是自洽的，全部定律都必须由公理逻辑地推导出来，而公理本身为初始的基本假说。其次规定一个把公理系统的命题与观测相关起来的程序。抽象的系统在具体场合必须获得恰当的物理解释，所以，牛顿要求公理系统与物理世界中的具体事件联系起来，即把绝对时空间隔的陈述转换为受测时空间隔的陈述。最后确证用经验解释的公理系统中的演绎结果。例如，天体系统和地球上的物体系统，都是与牛顿力学的公理系统相联系的物理事件，它们是牛顿力学系统的经验解释。牛顿从牛顿力学系统中得到的演绎结果，如月球绕地球旋转的向心力等于月球和地球之间的万有引力，在精密观测的条件下，得到了验证。牛顿力学系统正是与这些可观测的现象联系起来才具有科学意义的。

数学化演绎方法究竟在科学认识中发挥怎样的作用？赖欣巴哈（Hans Reichenbach）说："逻辑证明即所谓演绎；结论是由别的陈述，即被称为是论证的前提进行演绎而获得的。……结论不能陈述多于前提中所说的东西，它只是把前提中蕴涵的某种结论予以说明而已……演绎的逻辑功能便是从给予陈述中把真理传递到别的陈述上去——但这就是它所能办到的全部事情了。"① 显然，赖欣巴哈否定演绎方法在科学发现中的作用。爱因斯坦则表达了与赖欣巴哈相反的观点，他说："我坚信，我们能够用纯粹数学的构造来发现概念以及把这些概念联系起来的定律，这些概念和定律是理解自然现象的钥匙。"② 因为演绎方法所揭示的前提中蕴涵的内容有可能涉及还没有被人们考察过的领域，所以有希望通过逻辑演绎发现未知。例如，欧几里得几何学体系的建立、非欧几何学的创立、海王星的发现、宇宙大爆炸理论等科学史上的很多重大发现都离不开演绎推理的运用。

---

① 赖欣巴哈．科学哲学的兴起（第 2 版）．伯尼译．北京：商务印书馆，1983.32，33
② 爱因斯坦．爱因斯坦文集．第一卷．北京：商务印书馆，1976.316

（三）其他科学研究模式

除了基于科学事实的经验归纳模式和基于科学抽象的逻辑演绎模式这两种主要的科研模式外，还有波普尔倡导的否证模式、费耶阿本德（Paul Feyerabend）主张的多元主义认识模式等。在此，我们重点对否证模式和多元主义认识模式和计算模拟模式做一简要介绍。

1. 否证模式

否证模式是随着现代科学革命而逐渐明确的科学研究模式。在以相对论和量子力学为代表的现代科学革命影响下，英国科学哲学家波普尔（Karl Popper）提出了科学认识的否证模式。在波普尔看来，既然像牛顿物理学这样曾经受长期无数次检验的理论尚且有错误，还有什么科学理论能永远正确呢？因此，他提出任何一种科学理论都不过是某种猜想或假说，其中必然隐含着错误，即使它能够暂时逃脱实验的检验，但终有一天会暴露出来，遭到实验的反驳或证伪。科学理论就是在不断地提出猜想、发现错误而遭到否证、再提出新的猜想的循环往复过程中向前发展的，所以科学理论的否证发展模式是：猜想—反驳—猜想—…

波普尔进一步认为科学研究始于问题，这是因为观察渗透着理论，观察事实的陈述和观察事实的确证都必须借助于理论，所以，观察不是科学的起点。同时理论也不是科学的起点，因为理论是为了解决问题而提出的。只有问题才是科学的起点。问题出现后，科学家们就要提出各种试探性理论用以解决问题。试探性理论不是从过去积累的经验材料中概括出来的，而是大胆猜测的产物。各种试探性的理论提出后，就要接受严格的批判和检验，即寻找反例进行反驳和否证。对一种理论的任何真正的检验，都是企图否证或驳倒它。当试探性理论被经验否证后，又产生了新的问题。这样，又从新问题到新理论，以及新理论再被否证，科学正是如此从旧问题向新问题的发展。这就是科学研究的否证模式。

人们在科学研究过程中，开始是发现问题，然后为了回答问题提出猜想，并根据猜想演绎出一系列的预见，再根据这些预见设计观察和实验方案，通过经验与预见的比较检验猜想，然后依据经验检验的结果来调整理论或假说。因而科学研究的否证模式实际上是：问题→猜想→证伪→新的问题，这个过程可以简略地表示为：$P_1 \rightarrow TT \rightarrow EE \rightarrow P_2$。其中，$P_1$ 代表问题，TT 代表试探性理论，EE 代表排除错误，P_2 代表新的问题。根据这个图式，通过假说被检验或确认而得出的论据都毫无归纳可言，整个程序由两类尝试构成：一种尝试是猜测出假说，另一种尝试是演绎出观察命题来试图对假说予以否证。前者是直觉的突变，后者是演绎出来的论据。波普尔的否证法预先假定不存在归纳推理，而只是演绎逻辑的反复运用。

波普尔研究模式有两个基本特征：一是反归纳主义的倾向，它强调科学发现不是来自对事物的归纳。每次观察都有期望或假说在先，它们给出一个有意义的观察范围。事实上，假说必定先于观察，人们潜在的先天知识处于潜在的期望中，在人们从事积极的探索时，通常由于反作用于它的刺激而使之活化。二是间断论，它认为发现过程不是单一的逻辑过程，而可分为两个不连续的思考阶段。第一步是非逻辑的或是直觉的，属于发现阶段；第二步是逻辑的或理性的重构，属于证明阶段。把发现和辩护分开，才能贯彻演绎模式的基本论点。

否证模式的基础是理论的可否证性，即理论在逻辑上可被经验否证的性质。理论只有在逻辑上有可能被否证，才是科学的，否则就是非科学的。把否证原则作为科学与非科学的分界标准是基于全称陈述与单称陈述之间逻辑关系的不对称性：全称陈述不能从单称陈述中推导出来，但是能够和单称陈述相矛盾。不论我们看到多少只白天鹅，都不能证实"所有天鹅都是白天鹅"的理论；但只要看到一只黑天鹅就可以否证它。这就是逻辑上的不对称性，也是否证主义科学观的逻辑起点。每一理论的可否证程度是不同的，科学研究的目的就是寻找否证度高的理论。理论的否证程度越高，其表述内容越普遍，提供的信息量越大，理论表述的内容相应越精确，其可否证度就越高。

2. 多元主义认识模式

无论是经验归纳模式、逻辑演绎模式还是否证模式，其方法论研究的基本目标都是为科学认识活动建立相对稳定的工具系统。从思维方式看，是要求形成某种行之有效的、有约束力的定式或框架。用培根的话来说就是："我给科学发现所提出来的途径并不为聪明才智留下多少活动余地，而是把一切机智和理智差不多摆在平等的地位上面。因为正像画一条直线和一个正圆形一样，如果只是用手来画，那就很要依靠手的稳健和训练，但是如果是用直尺和圆规来画，那就很少依靠这个，或者根本就不依靠它了。对于我的计划来说，也恰好就是这样。"①

然而方法的程式化努力，不应限制人类思想的无限可能性。为了创造性地提出和完成新的认识任务，要求人们能够自觉地摆脱某种固定方法程式的束缚。爱因斯坦把这种不受制于固定思想和方法程式的态度戏称为"机会主义"，他说："寻求一个明确体系的认识论者，一旦他要力求贯彻这样的体系，他就会倾向于按照他的体系的意义来解释科学的思想内容，同时排斥那些不适合于他的体系的

---

① 北京大学哲学系外国哲学史教研室. 十六—十八世纪西欧各国哲学. 北京：商务印书馆，1975.22

东西。然而，科学家对认识论体系的追求却没有可能走得那么远。他感激地接受认识论的概念分析；但是，经验事实给他规定的外部条件，不允许他在构造他的概念世界时过分拘泥于一种认识论体系。因而，从一个有体系的认识论者看来，他必定像一个肆无忌惮的机会主义者：就他力求描述一个独立于知觉作用以外的世界而论，他像一个实在论者；就他把概念和理论看成是人的精神的自由发明（不能从经验所给的东西中逻辑地推导出来）而论，他像一个唯心论者；就他认为他的概念和理论只有在它们对感觉经验之间的关系提供出逻辑表示的限度内才能站得住脚而论，他像一个实证论者；就他认为逻辑简单性的观点是他的研究工作所不可缺少的一个有效工具而论，他甚至还可以像一个柏拉图主义者或毕达哥拉斯主义者。"[1] 美国科学史家霍尔顿（Gerald Holton）表达了与爱因斯坦相似的观点，他说：物理学家在表面上看来像铁板一块，但是在平静的水面下，却是两股对立的潮流在激荡。平庸的科学家只置身于其中一股潮流中，解决日常任务；卓越的科学家却像一个弄潮儿，同两股潮流相互撞击激起的波涛相搏击，从而做出惊人的壮举。[2]

美国科学哲学家费耶阿本德更进一步，他通过科学史的案例研究发现："关于一种固定方法或者一种固定合理性的思想，乃建基于一种非常朴素的关于人及其社会环境的观点。……为了追求表现为清晰性、精确性、'客观性'和'真理'等理智安全感，而使之变得贫乏。这些人将清楚地看到，只有一条原理，它在一切境况和人类发展的一切阶段上都可以加以维护。这条原理就是：怎么都行。"[3] 费耶阿本德认为，既然认识对象是未知的，认识方法也应该是多元的，因此他提倡多元主义的方法论，反对把任何确定的方法、规则作为固定不变的和有绝对约束力的原理来指导科学事业。固守某种方法程式，不但不能自然地得到满意的结论，而且迟早会阻碍人们有效地做出科学新发现。在这个意义上，反对方法——反对固守某种方法程式是科学方法论的一条重要原则。

费耶阿本德提出用反归纳法代替归纳法，批判习以为常的概念和习惯的反应，首先就是要跳出这个圈子或者发明一种新的概念系统。构筑这种系统需要从科学外部——宗教、神话等汲取思想，科学需要这种非理性的支持方法，没有混乱就没有知识。没有任何一条规则适用于所有的条件，没有任何一种动因可以诉诸一切场合，因此意见的多样性是客观知识所必要的，鼓励多样性的方法是与人道主义相容的唯一方法。为了发现我们确信的这个实在世界的特点，我们需要一个梦境世界。科学家不应仅仅把理论同经验、数据或事实作比较，还要把它同其

① 爱因斯坦．爱因斯坦文集．北京：商务印书馆，1976.480
② 周昌忠．创造心理学．北京：中国青年出版社，1983.174
③ 法伊尔阿本德．反对方法．周昌忠译．上海：上海译文出版社，1992.5，6

他的理论作比较。费耶阿本德进一步强调，科学是一种自由的实践，多元认识模式比循规蹈矩更为人道，更容易鼓励进步。他否认存在单一的理论和唯一规范的方法论，认为要求新假设与公认理论相一致是不合理的，因为这样保留的是较老的理论，而不是较好的理论。理论多元论鼓励理论增值，这对科学是有利的，齐一性则损害科学的批判力量。需要特别说明的是，虽然费耶阿本德反对一切普遍性标准和规则，但不应把他的观点引申为反对各种作为方法的规则本身，他的意思是指出任何方法论都有其局限性。费耶阿本德概括的科研模式尽管受到众多批评和指责，但其包含的多元开放的科学认识模式却得到很多科学家和哲学家的肯定和赞赏。随着现代科学研究的复杂化，多元主义认识模式的启发意义愈益显现。

3. 计算模拟模式

计算模拟又称为数值模拟，是指以电子计算机为手段，通过数值计算和图像显示的方式来研究科学问题的科研模式，即用数值计算来模拟真实的科学实验。举例来说，如果要研究某一桥梁的承载应力，可以通过编写或应用专门的科学软件（如 Midas Civil、LUSAS 等）来计算和显示桥梁的应力分布、最大荷载、屈服强度、振幅变化等情况。与一般科学实验相比，计算模拟具有高效、形象、费用低等特点，有些一般实验难以完成的研究项目（如宇宙起源、基因测序、工程抗震等）都可以通过计算模拟来获得较可靠的结果。计算模拟的这些优点使其逐渐演变成一种相对独立的科研模式，尤其是随着计算机硬件和软件技术的发展，计算模式越来越受到科学研究人员的重视，并在科学研究中发挥着越来越重要的作用。

一般来说，计算模拟包括以下几个步骤：首先，要建立反映科学问题本质的数学模型。这是计算模拟的出发点，如果没有正确完善的数学模型，计算模拟就无从谈起。其次，要寻找高效、准确的计算方法。计算模拟的一个显著特点是需要处理异常庞杂的数据，所以计算方法的优劣在很大程度上决定了计算模拟的效率和准确性。与之相应，"计算科学"就成为横跨数学和计算机科学的新学科。最后，要编写、调试和应用计算机程序。这是计算模拟的主体工作。计算机程序的优劣直接决定了计算模拟结果的可靠性。在这方面，许多大型商业化科学软件的出现大大提高了计算模拟的可靠性、普遍性和实用性。需要指出的是，尽管计算模拟与物理实验相比有诸多优点，但它不能完全替代物理实验。这是因为计算模拟的理论基础是正确完善的数学模型，但是无论这些模型多么完善，它们尚不可能穷尽影响事物发展的所有要素，因此，数学模型对事物本质和规律的反映总是理想化的、不全面的。由于受到计算方法和硬件技术的限制，计算模拟不可能毫无差异地模拟真实事件的发生过程。在一般情况下，这些微小的差异不会产生较大的影响，但是在某些情况（如宇宙爆炸、基因突变、地震发生等）下，则可能差之毫厘，谬以千里。尽管科学软件设置了许多可调节的参量，但它们不足以涵盖现实事物的所有属性，而这些属性可能恰恰就是决定该事物发展的本质规定性。总之，我们既要充分重视应用计算模拟的方法进行科学研究，又不能迷信这种方法的作用，必须根据实际情况进行必要的物理实验。

二、科学精神

科学精神是科学活动的灵魂，科学活动的各个方面都渗透和体现着科学精神，并以科学精神为准则。无论是以探求真理为主的基础研究，还是以实际应用为主的开发研究，离开了科学精神，都必将遭到失败。科学精神不仅体现在科学活动中，而且在人类文明进程中同样发挥着重要作用。科学精神是现代文明社会的基石，在当今中国弘扬科学精神显得尤其重要。

什么是科学精神？概言之，科学精神是人类在进行科学技术研究和技术开发过程中所形成的世界观和价值观，是科学家群体行为规范所体现出的一种理想的精神气质。科学精神是在人们探索自然的历史过程中逐渐形成的，是科学方法、科学思想、科学家的精神气质和行为规范等凝结在人的精神层面的综合结果。科学精神随着科学实践活动的发展而不断丰富其内涵，反过来，科学精神又是指导科学家和人们探求真理的思想武器和行动指南。

科学精神的内涵十分丰富。逻辑实证主义者认为科学精神的核心是"在理性指导下的观察和实验"，即强调科学精神的实证性和逻辑性。波普尔则把"大胆的怀疑和猜测"作为科学精神的核心。费耶阿本德则强调多元思考的重要性，提出"怎么都行"的方法论。江泽民在两院院士大会上发表的题为《在全党全社会大力弘扬科学精神和创新精神》的讲话中指出："科学精神的内涵很丰富，最基本的要求是求真务实，开拓创新"，并把科学精神高度概括为十六个字：实事求是、探索求知、崇尚真理、勇于创新。我们认为，科学精神可以归结为求实精神、创新精神、理性精神和合作精神等四个方面。

（一）求实精神

求实精神是科学精神的第一要义，求实精神的根本要求是"实事求是"，即坚持以"事实"为科学的认识对象，通过科学实践去"求是"，并把实践作为检验科学认识真理性的唯一标准。① 求实精神突出表现在追求真理和坚持真理两个方面。

科学活动的根本宗旨是探求客观世界的基本规律,达到人对自然规律的正确认识,因此追求真理是科学活动的根本要求和基本精神。首先,追求真理要承认客观世界的现实存在性。即像爱因斯坦所说的那样,"相信一个离开知觉主体而独立的外在世界,是一切自然科学的基础。"② 其次,追求真理表现为要尊重事实。即如实的描述和记录自然现象的本来面目,要求深入查找意外现象或数据的真正原因,杜绝人为地篡改或掩饰意外现象或数据。因为从认识论上来说,人类的认识能力总是有限的,它们不可能囊括所有的自然规律,意外现象往往成为突破既有知识的局限,达到对自然规律更深层认识的突破口。只有找到导致意外现象出现的真正原因,才能保证研究结果的真理性。再次,追求真理还表现为精心地收集科学事实。科学的目标是正确地反映客观世界的基本规律,不是随心所欲地制造规则,这就要求科学家必须占有大量客观材料,排除主观意愿和偏见,客观真实地探求真理。我国著名气象学家竺可桢为获得翔实的一手资料,五十年如一日地观察和记录物候。在他逝世后的遗物中有多达 830 万字的 40 本日记。其中,记载着从 1936 年 1 月 1 日至 1974 年 2 月 6 日共 38 年 37 天的物候记录,没有一天间断,全部保存完好。他的论文《中国近五千来气候变迁的初步研究》和名著《物候学》正是这些长期积累的翔实资料的结晶。最后,追求真理表现为反复观察和实验的精神。罗吉尔·培根说,证明前人说法的唯一方法只有观察和实验③。根植于反复的观察和实验,并从中取得新发现,这是近现代科学发展的基本途径。

坚持不懈地追求真理十分重要,坚定不移地坚持真理同样重要,二者都是求实精神的生动体现。科学发展史表明,先进的科学思想往往需要经过与落后思想和势力的艰苦斗争,才能获得社会承认和广泛传播。在此过程中,伟大科学家和优秀的科学工作者往往能坚定不移地坚持真理,不屈服于落后思想和势力的压制和打击,甚至献出宝贵的生命。布鲁诺(Giordano Bruno,1548~1600)为坚持"日心说",被宗教法庭残酷地烧死在罗马鲜花广场。伽利略为坚持真理,受到宗教法庭的无端监禁,但当他走出法庭大门时,还喃喃自语道:"地球仍在转着"。魏格纳(Alfred Wegener,1880~1930)在其"大陆漂移说"受到打压后,为获得地壳移动的直接证据,毅然冒着巨大危险到格陵兰岛考察,不幸冻死在该岛。正是像布鲁诺、伽利略这样的伟大科学家和科学工作者的不懈坚持,先进的

① 王大珩,于光远. 论科学精神. 北京:中央编译出版社,2001. 259
② 爱因斯坦. 爱因斯坦文集. 第一卷. 许良英译. 北京:商务印书馆,1976. 292
③ 丹皮尔. 科学史. 北京:商务印书馆,1975. 146

科学思想才能克服重重阻力而获得成功。当然，坚持真理是与顽固不化本质不同的，坚持真理的信心和勇气来自对事物发展规律的正确认识，是在实事求是基础上的坚定信念，而顽固不化则往往包含着个人私利和错误的思想认识。此外，坚持真理是求实精神的表现。勇于承认和改正错误同样是求实精神的表现。著名的物理学家奥斯特瓦尔德（Friedrich Ostwald，1853～1932）曾经是一位坚定的唯能论者，但是当更深层的物质粒子相继被发现后，他勇敢地承认能量本体论的错误，受到世人的赞誉。

（二）创新精神

科学活动的自然目的是探求真理，社会目的是创造新的生产模式、物质产品和生活方式，因此，创新是科学活动的本质属性，创新精神是科学活动的本质要求，创新精神同样是科学家必备的基本素质。中国科学院院长路甬祥在给中国科学技术大学成立 50 周年的题词中写道："我创新，故我在。"把创新精神提到关系科学活动本质的重要地位。

首先，创新精神表现为强烈的问题意识或好奇心。创新精神强的人能够见微知著，从生活中各个方面发现问题，他们不仅爱提问，而且往往能提出别人意想不到的问题，从而产生强烈的危机感，最终导致创造。事实证明，创造发明正是从提出问题开始的。

其次，创新精神表现为强烈的开拓意识。开拓意识强的人从不墨守成规，他能够打破现状，善于从人们习以为常、以为没有问题的事物中找出缺点，挑出毛病，从而会导致有创造性的设想产生。1900 年，当时物理学家开尔文（Lord Kelvin，1824～1907）发表《新年献词》时说，科学的大厦已经建成，物理学的天空已洁净明朗，只剩下迈克耳孙 – 莫雷实验和黑体辐射研究中的困境这两朵乌云有待驱散。有的物理学家对经典理论与新发现的科学事实的矛盾感到非常烦恼，著名物理学家洛伦兹（Hendrik Lorentz，1853～1928）说："在今天，许多人提出同昨天他说过的话完全相反的主张。在这样的时期，真理已经没有标准了，也不知道科学是什么了，我很悔恨我没有在这些矛盾出现的前五年就死去。"[①] 这说明他思想的混乱和内心的痛苦，他极力想弥补新事实同经典理论之间的裂缝。他提出的洛伦兹变换，虽然为后来狭义相对论的产生做出了重要贡献，但他仍然死抱住静止以太的旧观点不放，提出以太压缩的假设，试图对所谓物理学的危机进行改良。但是，勇于创新的科学家们没有为经典物理学所束缚，第一朵乌云导致

---

① 宋立新. 科学家为什么信教. 百科知识，2004，（3）

爱因斯坦创立了相对论，第二朵则最后导致了量子力学。在经典物理学的革命中，诞生了现代物理学。

最后，创新精神表现为强烈的克服困难的意识。创新意识强的人，往往对所面临的困难抱有一种大无畏的态度，乐于挑战困难，善于克服困难。科技发展史告诉我们，大多数所谓的难题，不是没有解决的办法和对策，而是常常存在着不止一种解决问题的方法。关键是有没有创新精神，突破头脑中的思维障碍，大胆地提出创造性的解题方案。华裔物理学家朱棣文曾说：创新精神是最重要的，创新精神强而天资差一点的学生往往比天资强而创新精神不足的学生能够取得更大的成绩。其实，创新勇气不足是中国科技界普遍存在的问题。

（三）理性精神

理性精神是科学精神的突出特征，它包括怀疑精神和逻辑精神两个方面。

怀疑精神是科学发展的必要前提。美国著名科学社会学家罗伯特·默顿把"有组织的怀疑"作为科学活动的重要精神气质之一，强烈的怀疑精神是科学家与普通人的重要区别。

怀疑精神是一种重要的思想力量，它促使人们不迷信常识和权威，独立思考、详细求证，从而获得科学新知。缺乏怀疑和批判精神，任何意义上的创造活动都无从谈起。科学发展是一个不断自我否定的过程，科学是在不断怀疑和争论中前进的。科学认识对象本身是复杂多变的，仅靠某一理论难以正确反映其客观本质，同时，科学认识主体受其世界观、研究方法、知识水平和实践条件的限制，很难完全做到详尽的占有材料、严格的逻辑加工、精确的实践检验。因此，怀疑就成了科学活动最普遍的一种科学认识方式，进而形成一种科学精神，通过怀疑去伪存真，不断地消除错误来逐步获得科学真理。反之，在一个普遍迷信和盲从的非理性思想环境中，科学理性和创造性根本无从表现，科学活动也会因此丧失其生机和活力。

怀疑精神是与独立思考密切相关的。没有独立思考的精神，而是人云亦云，就不会有怀疑。对科学工作者而言，独立思考是最重要的怀疑精神，缺乏独立思考精神是科学活动最可怕的障碍，甚至可以说，没有独立思考精神就不可能有科学，更谈不上有科学精神。"发明大王"爱迪生（Thomas Edison，1847~1931）在其实验室墙壁上贴着一张条幅，上面是"人总是千方百计躲避真正艰苦的思考"，下面是"不下决心艰苦思考的人，便失去了生活中的最大乐趣"。他还有一句名言："天才就是百分之二的灵感加上百分之九十八的汗水！"爱迪生所谓的"汗水"并非机械的工作，而是不断地独立思考和创造发明。无独有偶，IBM

公司前总裁沃森（Thomas Watson）把独立思考看作最重要的科研精神，他要求所有厂房和办公室都挂上标有"独立思考"的标牌，以便随时提醒员工什么是最重要的事。

反权威主义是科学的一种精神气质，绝对权威是与怀疑精神相悖的。任何科学大师总是不可避免地受到历史的制约，爱因斯坦说："牛顿啊，请原谅我，你所发现的道路，在你那个时代，是具有最高思维能力和创造力的人所能发现的唯一道路。你所创造的概念，甚至今天仍然指导着我们的物理学思想，虽然我们现在知道，如果要更加深入地理解各种联系，那就必须用另外一些离直接经验领域较远的概念来代替这些概念。"① 在科学研究中，轻信权威就可能扼杀智慧，迷信权威是捆绑科学的绳索。只有解放思想，破除迷信，才能为科学的发展开山辟路。怀疑精神不仅表现为勇于向权威和定论挑战，还表现为勇于自我挑战。爱因斯坦曾说道："一个人在科学探索的道路上，走过弯路，犯过错误并不是坏事，更不是什么耻辱，要在实践中勇于承认和改正错误。"爱因斯坦自己就是一个勇于自我批评，敢于公开承认和改正错误的科学家。爱因斯坦曾根据广义相对论时空弯曲的概念和引力场方程，提出了一个有限无边的静态宇宙模型。1922年，苏联数学家弗里德曼（A. A. Friedmann，1889~1925）求出了爱因斯坦的基本引力场方程的另一个非定态解，导出了闭合空间半径随时间而增大的动态宇宙模型。爱因斯坦开始不相信弗里德曼的研究成果，并在杂志上发表文章予以驳斥，但当他认识到弗里德曼是正确的时候，即公开承认错误，向弗里德曼等表示歉意，承认坚持静态宇宙模型是自己"一生中最大的错事"②。

逻辑精神是理性精神的另一表现。借用波普尔的观点，如果说怀疑精神是"大胆反驳"精神的话，逻辑精神就是"小心求证"的精神。

逻辑理性是通过理性的和逻辑的思维而做出是非判断的。逻辑理性是理性精神的一个主要侧面，生命个体的精神追求应当时时接受逻辑理性的关照、审视和检验。从科学角度看，逻辑理性有两个方面的内涵：一是指在科学活动中普遍运用的一种理性思维的方式，这种思维方式最明显的特征是严格遵守严密的逻辑准则。所以，从科学的立场看，遵从思维的逻辑原则进行思考就是合乎理性的，反之，就是不合乎理性的。不管理性地利用这种方式进行思考的人是否明确地意识到了这些逻辑原则的存在。逻辑理性的第二个内涵是它要求证明和证实。在科学的范围内，任何论断原则上都是可以被证实或证伪的，没有哪一种看法和做法是可以不加证明和证实的。科学证明需要一定的程序和方法来进行，运用这套科学方法所获得的知识被称为合乎理性的知识，而对于那些未能应用科学方法所获得

---

① 爱因斯坦. 爱因斯坦文集. 第一卷. 许良英译. 北京：商务印书馆，1976.14，15

② 徐一鸿. 爱因斯坦的宇宙. 北京：清华大学出版社，2004.83，84

的主张，则被毫不客气地称为情绪化反应或个人偏见。从理论上说，每一个人都是理性的，但在实际的科学活动中，一个人是否能够表现出其理性能力，很大程度上取决于他是否愿意或能够自觉地按照逻辑理性的要求去做。正是在这一点上，成功的科学家与一般人表现出了明显的区别，他们的创造力从根本上说来源于他们所具有的逻辑理性精神。

（四）合作精神

尽管科学研究首先是个人独立思考的结果，但不应因此认为科学纯粹是个人思维的产物。科学是人类共同的事业，是人类作为整体探索自然与自身奥秘的历史过程，因此需要人类的共同努力。纵观科学发展史，没有一项科学发现是科学家完全离开他人的合作和支持而独自获得的。

随着现代科学活动的日益复杂化和现代科学知识的分化和细化，合作研究逐渐成为科学研究的主要形式。以诺贝尔奖为例，1901～1972 年，共有 286 位科学家获得诺贝尔奖，其中有 185 位（近 2/3）是同他人合作研究获得的。在诺贝尔奖设立后的第一个 25 年，合作研究获奖者占获奖人数的 40%；第二个 25 年，这个比例上升为 65%；第三个 25 年，这个比例进一步上升为 79%。现代科学知识高度分化和综合特征又加强了科学活动的合作趋势。现代科学的发展使各门学科愈益精专，但自然界是一个统一的有机整体，为了推究自然存在和发展的奥秘，仅仅依靠单个学科是不行的，还要求人们采取多学科的方式对自然界进行综合研究。这就需要高度分化的各门学科互相交叉、互相渗透、互相影响，形成统一的科学体系，每门学科都是科学整体的有机组成部分。每门学科的发展都是科学整体的有机组成部分，并依赖于其他学科乃至整个科学的发展。现代科学技术的整体化和综合探索的趋势，需要不同学科之间的交叉互补，从而进一步加强了科技工作中合作趋势，使集体合作成为现代科学技术发展的必由之路。

现代科学技术发展中合作趋势的加强，要求科技工作者必须具有自觉的合作精神，只有明确意识到科学技术发展的合作趋势，自觉培养团体意识和合作精神的人，才能适应现代科学技术发展的要求。控制论的创立就是一个合作研究的典型事例。20 世纪 30 年代，数学家维纳和生物学家罗森勃吕特共同组织了一个由物理学家、工程师和医生等参加的科学方法论讨论会，他们从各门学科的各个方面提出问题进行讨论。在这种多学科合作的条件下，维纳等人把通讯、机械自动控制和生物体的某些控制机制进行类比、综合和概括，研究了机械和生物体中信息传输、变换、处理和控制的一般规律，并用数学方法加以总结，提出了关于在动物和机器中控制和通信的科学——控制论。不仅如此，科学学派成员尤其是学派领袖的合作精神是学派形成和兴旺的必要条件。英国物理学家卢瑟福就是一个具有高尚道德和强烈合作精神的学派领袖，他在研究放射性现象时，自知化学知识有限，就主动同化学家索迪合作，取得了重大成就。卢瑟福在领导卡文迪许实验室时，集合了一批优秀的科学家合作研究，取得了丰硕的研究成果，但他从不把任何一项重大的科学成就据为己有，而是中肯地赞赏和评价为此做出贡献的每一个人。在卢瑟福科学精神的影响下，他的学生玻尔开创了同样以合作研究著称的量子力学哥本哈根学派。

宽容精神是合作精神的基础。现代科学既是严密组织的社会劳动，又是一种自由的思想探索，各个学派、各种观点在真理面前一律平等。这就要求对不同意见采取宽容的态度，科学只有通过对不同观点的自由争论才能向前发展，否则，真理就会被掩盖，合作研究就会崩溃或变质。"宽容"意为容许别人有行动和判断的自由，对不同于自己或传统观点的见解具有耐心和公正的容忍。科学的宽容精神具有两个鲜明特征：一是科学宽容是理性的、公平的，而不是盲目的、偏执的。① 科学研究是一种理性事业，确凿的事实和严密的逻辑是科学理性的两块基石，任何理论和学说最终都要以事实和逻辑为判断依据，任何打击和非议都不能凌驾于它们之上，因而体现出了科学宽容的公平性。二是科学宽容是全面的、广泛的，而不是片面的、狭隘的。科学的研究是对自然、社会和思维的全面探索，由于每个探索者所处的时空条件不同以及个人自身的内在差异，不可避免会在同样的研究中出现不同判断，得出不同结论，作为科学文化突出特征的科学宽容就要求每个科学研究人员以平等而理性的态度对待各种不同的观点，不管这些观点来自朋友还是来自敌人。

科学宽容精神的形成和科学真理内在相关。首先，科学认识是一个不断探索的过程，在此过程中，难免会出现谬误。其次，科学真理具有整体性特征。这是因为科学认识对象本身是集多重规定性于一身的统一体，每个对象都包含着各种属性和规定性，这些属性和规定性从各个不同的角度和层面反映着客体的本质，它们之间的相互联系和依存共同构成完整的科学认识。最后，科学真理具有时空相对性，即科学理论受到具体的时间、空间条件的限制和约束，任何科学理论都有一个在不断修正错误中逐步向客观真理逼近的过程。在各种主客观条件的影响下，任何科学理论的产生都不会是完美的，都有一个根据实践检验对理论修改的历史过程。对错误的不断修正过程，正是真理发展的必然过程。所有这些都要求人们必须以宽容精神看待不同观点，使其平等争论。这既是对认识事实的尊重，也是获取真理的重要方式。当然，科学宽容精神的传播和弘扬，还需要有社会政

---

① 王滨. 科学精神启示录. 上海：上海科学普及出版社，2005. 270

治民主的环境和科学自由争鸣的氛围。社会政治民主是实行科学宽容的外部条件，科学自由争鸣是科学宽容的内在要求，后者也是科学宽容的具体表现和结果。

三、科研模式与科学精神的关系

科学精神并不是凭空产生的思想品质，而是在科学活动中，经过长期积累和培育而形成的思维模式、精神状态、行为规范、道德标准等。科研模式也并非只是抽象的观察实验和推理程式，它是现实的科学研究者所从事的一种社会化的认识活动，因此研究者所具有的思维模式、精神状态、行为规范、道德标准等必然会影响到科学研究的具体模式。

（一）科研模式对科学精神的要求

不同的科学研究模式要求相应的科学精神，或者凸现科学精神的不同方面。基于科学事实的经验归纳模式特别强调求实精神的重要意义，因为只有在充分获取科学事实的基础上，才可能归纳出正确的科学理论。同样，只有经过真实的观察和实验，才可能验证科学理论的真实性和有效性。因此，在诸如生物学、医学、地学等经验性较强的学科中，尤其需要有高度自觉的求实精神，坚持不懈地收集、整理和积累科学事实或实际经验，逐步实现对研究对象本质的理性把握。基于科学抽象的逻辑演绎模式则更强调理性精神的价值。与经验归纳模式以大量的观察和实验研究不同，逻辑演绎模式更多的是进行数学推理或思想实验，因此要求研究者必须具备较高的逻辑思维能力，概念表达明晰、推理过程严谨、命题证据充分、理论建构自洽等。在数学、理论物理学、理论化学、理论力学等以逻辑演绎为主要研究模式的学科中，往往要求研究者具备较强的理性精神。在波普尔提出的否证模式中，怀疑精神和创新意识具有特殊意义。波普尔形象地把否证模式表述为"大胆猜测，小心求证"，要求研究者大胆地突破已有科学理论的限制，大胆地提出解决问题的新假设，通过细致的观察和实验来提高科学假设的逼真性。同时，还应看到，随着现代科学研究对象和过程的复杂化，特别要求研究者具备较强的合作研究能力和团队精神，学会合作已经成为当代科学工作者必备的基本素质之一。最后，需要指出，实际的科学研究往往综合运用各种不同的研究模式，因此要求研究者必须同时具备多方面的精神品质，确保科学研究活动的顺利进行和健康发展。

（二）科学精神对科研模式的影响

科学家具备什么样的科学精神，对于其从事的科学研究具有深刻影响。这种影响突出地表现在以下几个方面：一是科学精神影响了科学研究模式的选择。例如达尔文从小就表现出很强的观察归纳能力，因此在科学研究中，他更倾向于经验归纳模式；而爱因斯坦则尤其擅长抽象的理性思维，他也更多地采取了逻辑演绎的研究模式。二是科学精神影响了科学研究成果的质量。无论何种科研模式，其最终目的都是要获得关于研究对象的真理性认识，但是，科学真理本身也具有不同的层次，倾向性的科学精神在一定程度上影响了科学研究可能达到的真理层次。例如，第谷（Brahe Tycho，1546～1601）具有较强的求实精神，他几十年如一日地记录了当时最精确的天文观测数据，但他缺乏强烈的怀疑精神，在科学真理殿堂的门口徘徊不前。与之相比，开普勒（Johannes Kepler，1571～1630）则更擅长数据的归纳和抽象，他成功地提出了关于行星运动的开普勒三定律。类似的事例还有法拉第归纳出法拉第电磁感应定律，而麦克斯韦则将其进一步演绎为麦克斯韦方程。三是合适的科学精神保证了科研模式的顺利实施。其实，无论选择何种科研模式，都综合渗透着各种科学精神，它们像一张无形的思想之网，确保科研模式按照既定的程序顺利进行，或者根据研究的具体情况合理调整研究进程。四是科学精神在一定程度上影响着科学成果的评价。科学研究是一项社会化活动，科学研究成果的社会承认和广泛传播依赖于同行专家的评价和研究者本人的宣传和坚持。同行专家以一种什么样的思想态度来审查和评价科研成果或者这些成果的研究模式，研究者本人以什么精神状态来应对各种批评、指责、甚至压制，都会影响到研究模式及其结果的社会评价和承认。

第二章　科研活动的基本规范

科学研究的目的在于认识客观世界，并指导人们改变赖以生存的环境，从而提高人类的生产、生活水平。因此，人类总得随着社会的发展"有所发现，有所发明，有所创造，有所前进"①。在科学研究自身的发展过程中，逐渐形成了一套独特的学术规范和道德伦理规范，对科学共同体和科研人员的整个科研活动起着一种调节与约束作用。这些规范共同构成了科研活动的基本规范。遵循科学研究规律，遵守科研活动的基本规范，是造就高水平的科研队伍和使科技事业蓬勃发展的根本保证。

中国科学院院长路甬祥多次指出，现在社会非常关注学风建设问题，中国科学院作为"中国优秀科学家群体组成的学术组织"，要在弘扬优秀学风、弘扬创新奉献精神方面起模范带头作用②。多年来，中国科学院坚持"科学、民主、爱国、奉献"的优良传统，弘扬"唯实、求真、协力、创新"的院风，在健全科研规范、加强学风建设方面做出了很大努力，取得了较好成绩。绝大多数科研人员能够自觉遵守科研规范，严谨治学、潜心研究，为养成追求真理、锲而不舍、求真求实的良好学风树立了榜样。但是，毋庸置疑，在我们的学者中间，也有少数人出现了一些与科研人员身份不符的不端行为，如抄袭、剽窃他人科研成果，捏造或篡改科研数据，谎报或夸大研究成果等。这不仅对以往的科研道德规范产生了冲击，也污染了健康的学术空气和科技创新环境，破坏了科学研究的健康发展。因此，加强科研规范建设仍将是一项长期的任务。

那么究竟什么是科研活动的基本道德规范呢？一般认为，学术规范是指科学共同体根据科学技术发展规律参与制定的有关各方共同遵守的有利于学术积累和创新的各种准则和要求，是整个科学共同体在长期科研活动中的经验总结和概括。③ 科研道德规范作为学术规范的一个重要组成部分，是指科研人员在科学研究活动中，思想和行为所应遵循的道德规范及其价值准则。科研道德规范和学术规范一样，研究对象涉及科研活动的全过程，即科研活动的产生、结果、评价等。本章正是以此为线索，对科研工作者在整个科研过程中应该遵守的道德规范

---

① 毛泽东．毛泽东著作选读（下册）．北京：人民出版社，1986. 845
② 路甬祥．弘扬创新奉献精神，发挥院士群体智慧——学习贯彻全国科技大会精神院士座谈会发言摘要．科学新闻，2006，(3)
③ 叶继元．学术规范通论．上海：华东师范大学出版社，2005

和行为原则进行逐一介绍。

第一节 科研项目申请规范

一、科研项目选题规范

当前科研活动往往是围绕科研项目来进行的。申请科研项目是科研人员开展科研工作的开始。科研人员申请科研项目，应当熟悉并了解项目申请规范。

项目申请从选择科研课题开始。选题的重要性在于它关系到科研方向、目标和内容，直接影响着科研的途径和方法，决定着课题申报成果的水平和价值。选择研究课题，确定自己科研的主攻方向，是每一项具体研究工作的起点，也是整个课题申报的重要前提。

（一）科研选题的原则

科研选题一般应遵循以下四条原则[①]：

一是需要性原则。需要性是指选题要面向实际，着眼于社会的需要，讲求社会效益。这是选题的首要和基本原则，体现了科学研究的目的性。这里所谓的需要，包括两个方面：①根据社会实践的需要，尤其是工农业生产的需要，这是它的社会意义；②根据科学本身发展的需要，这是它的学术意义。中国科学院提出的坚持面向世界科技前沿、面向国家战略需求开展科学研究，正是这一原则的体现。

二是创新性原则。创新性指选题要有新颖性、先进性，有所发明，有所发现，其学术水平应有所提高，以推动某一学科向前发展，避免重复过去别人已有的工作。科学研究是一种创造性劳动，不断创新是科学劳动的生命，其创新水平的高低，是衡量科研成果和学术论文价值的重要标准。

三是可行性原则。可行性是指在选题时要考虑现实可能性。可行性原则体现了科学研究的"条件原则"。一个课题的选择，必须从研究者的主、客观条件出发，选择有利于展开的题目。如果一个课题不具备必要的条件，无论社会如何需要，如何先进，如何科学，都没有实现的可能，课题选择也是徒劳，选题也就没有实际意义。

四是科学性原则。科学性包含三个层面的意义：①选题必须有依据，其中包

---

① 栾玉广. 自然辩证法原理. 合肥：中国科学技术大学出版社，2002. 249~252

括前人的经验总结和个人研究工作的实践，这是选题的理论基础。②选题要符合客观规律，违背客观规律的课题就不是实事求是的，就没有科学性。③科研设计必须科学，符合逻辑性。如果选题违背科学性原则，就会陷入非科学或伪科学的歧途。例如，永动机、水变油的研究只会徒劳无功。

（二）科研课题的准备

科研课题选定之后，一方面要围绕课题广泛收集有关资料，并对这些资料进行认真细致的研究，了解国内外相关研究的动态和前沿，以便对立题依据、目的合理性、实施可行性进行论证；另一方面应做好科技查新工作。

在广泛搜集、阅读资料的同时，做好资料的分析和研究工作。通过资料的搜集、阅读和分析，掌握有关课题的国内外研究现状、水平以及存在的问题和发展趋势，提出正确的假设和合理的试验设计，同时选择出检验该假设的方法。

着手准备实（试）验材料。当然有些实（试）验材料可在课题获得资助后再准备，但有些实（试）验材料则需在选定课题后即着手准备，对搜集到的实（试）验材料应进行观察鉴定，并做好保存工作。这样可为课题在获得立项以后立即实施打下良好基础。

科技查新。科研课题在论点、研究开发目标、技术路线、技术内容、技术指标、技术水平等方面是否具有新颖性，科研人员在正式立项前要充分了解、查清该课题在国内外是否已有人研究开发过，目的在于避免人力、物力、财力和时间的浪费。查新是科技查新的简称，是指查新机构根据查新委托人提供的需要查证其新颖性的科学技术内容，按照《科技查新规范》操作，做出结论。查新机构是指具有查新业务资质，根据查新委托人提供需要查证其新颖性的科学技术内容，按照《科技查新规范》操作，有偿提供科技查新服务的信息咨询机构。查新委托人是指提出查新需求的自然人、法人或者其他组织；新颖性是指在查新委托日以前查新项目的科学技术内容部分或者全部没有在国内外出版物上公开发表过①。在科技项目立项中，查新是必须进行的一项基础性工作。

二、科研项目申报的一般规范

（一）科研项目申报的程序

科研项目申报的一般程序如下。

---

① 唐五湘等. 科技查新教程. 北京：机械工业出版社，2001.4

文件研究 → 课题选择 → 项目论证 → 项目申报

前三个阶段可按顺序进行，也可交叉或同时进行。

文件研究。文件研究主要是因为无论是国内还是国外的各种科研资助机构，都有其各自资助的宗旨、性质、范围及申请条件等。在申报项目时，科技人员应该认真研究项目申报指南及相关文件，了解项目类型、性质及相关信息。不同的资助机构其资助宗旨是不同的，即使同一类机构，其不同计划或项目资助宗旨也有很大差别。例如，国家自然科学基金以资助基础研究为主要对象，包括面上项目、重点项目和重大项目3个层次8种基本类型。其中，面上项目的宗旨是资助自然科学基础研究和应用基础研究，促进国家科技进步与繁荣；重点项目则侧重于学科的发展；重大项目虽也强调学科的发展，但更突出研究国家经济发展亟待解决的重大科技问题或有重大应用前景的基础性问题。在申报项目前，科技人员应认真研究项目申报指南及相关文件，必须搞清楚该项目的有关信息。只有吃透了拟申报项目计划的文件精神，才有可能选择与自己研究基础和专长相适应的项目计划来申报。

课题选择。选择科研课题应从实际出发，根据自身及所在单位的人力、物力和科研状况，有选择地申请承担基础研究、应用基础研究或开发研究科研课题。选题不能偏离拟申报项目计划的资助范围。申报基础研究类项目计划，就应选择具有重要学术意义并有应用前景的基础问题或应用基础问题申报。申报科技成果推广计划项目时，应选择新品种、新技术的推广应用作为课题。

项目论证。项目论证就是对所选科研课题进行多方位的科学性论证，目的在于避免选题中的盲目性。科技人员必须依据翔实的资料，并以齐全的参考文献和精细的分析来支持自己关于课题的主张，通过课题论证、编制来不断完善研究工作方案（计划）。课题论证通常需要回答下列问题：该项目研究问题的性质和类型；该项目研究的迫切性和针对性，具有的理论价值和实践意义；该项目以往研究的水平和动向，包括前人及其他人有关研究的基础，研究已有的结论及争论等，进而说明该课题研究将在哪几方面有所创新和突破；该项目理论事实的依据及限制，研究的可能性，研究的基本条件（包括人员结构、资源准备、科研手段及经费预算等）及能否取得实质性进展；该项目研究策略步骤及成果形式。在系统的分析综合基础上，写出简洁、明确而具体的研究工作方案（计划）。科研项目为了解决一个科学技术问题，从提出课题设想及其依据、拟定达到具体目标、设计实施方案和方法措施，到完成该课题需要的资源条件（人、财、物），都必须做好充分论证。一份详尽而完备的工作方案（计划），是科技人员开展项目研究的蓝图，是项目实施过程中的重要指南。课题论证是整个申请工作中最为重要的关键环节，也是项目申请工作的核心。

项目申报。我国现有科技项目，一般只受理申请者所在单位的申请，不直接针对申请者个人。项目申请包括正确选择投送学科，及时将申请书送达指定的申请受理处。而对于国际科技项目，申请者应根据其主管机构的具体要求以及所申请的项目类别选择规定的途径予以正确申报。

（二）项目申请者的一般要求

1. 科研项目申请者

申请者是指符合各类计划项目申报资格并申报项目的单位或个人。科研项目申请者可以是自然人或法人。申请者的主体由申请负责人和依托单位（或项目牵头申请单位）构成。自然人必须有依托单位。法人是当然的课题依托单位（或项目牵头申请单位），且通常须指定一名自然人担任申请负责人。每个课题（项目）申请只能有一个申请负责人和一个依托单位（或项目牵头申请单位）。

申请负责人是组织项目申请和正式提出项目申请的负责人，同时在该项目批准后的实施过程中，是该项目的实际负责人，应保证有足够的时间和精力从事申请项目的研究。

某些重大项目课题为法人课题，包括大学、科研机构等事业法人单位和具备相关条件的企业法人单位。同时应具备一定的科研实力和基础，并能够为课题任务的完成提供必要的条件保障。

2. 科研项目申请者（自然人或申请负责人）的资格规范

1）科研项目申请者（自然人或申请负责人）的基本条件

一般情况下，科研计划项目申请者（自然人或申请负责人）须具备下述资格条件：必须遵守相关法律法规和知识产权规定，按照科学计划项目的要求，科学设计研究方案，采用适当的研究方法，如期完成研究任务，取得预期研究成果；恪守学术道德，遵循学术研究的基本规范，研究过程真实，不以任何方式抄袭、剽窃或侵吞他人学术成果，杜绝伪注、伪造、篡改文献和数据等学术不端行为；尊重他人的知识贡献，客观、公正、准确地介绍和评论已有学术成果，凡引用他人的观点、方案、资料、数据等，无论曾否发表，无论是纸质或电子版，均加以注释，凡转引文献资料均如实说明；自觉维护学术尊严，增强公共服务意识，维护各级各类课题声誉，不以课题名义谋取不当利益；严格遵守项目管理规范，项目研究名称、研究组织、研究主体内容、研究成果形式与项目申请书和立项通知书相一致，若有重要变更，应征得主管机关同意后方可进行。

2）科研项目申请者（自然人或申请负责人）的责任和义务

一般认为，申请者要按照课题申请指南的要求，认真撰写申请书，要保证所有提交的申请材料的真实性。项目批准之后，项目负责人应履行"申请者承诺"，全面负责项目的实施，包括按资助项目批准通知的要求编写项目研究计划书、定期报告项目的执行和进展情况、如实编报项目研究工作总结和资助经费决算等。凡涉及项目研究计划、研究队伍、经费使用及项目依托单位等重要变动，须通过项目依托单位及时报项目主管单位核准；项目研究形成的论文、专著、软件、数据库、专利以及鉴定、获奖、成果报道等，须注明有关资助和项目批准号；项目研究中取得的基础性数据，应采取适当方式向社会公开，实行共享；项目申请者和负责人有责任宣传、展示资助项目研究成果，积极推进项目资助研究成果的应用；项目资助经费的管理和使用应接受上级财政部门、审计机关和项目主管单位审计部门的检查与监督，项目申请者和负责人应积极配合并提供有关资料；申请者或项目负责人在申请项目或实施项目时，不得弄虚作假，违背科学道德，不得将已经通过其他经费支持获得研究结果的课题、重复进行研究的课题，以及研究内容相同或者近似的课题等再次进行申请。

科研项目申请者（自然人或申请负责人）的时间保证。国内课题申请者（自然人或申请负责人）应当保证在承担任务期间，每年在国内工作时间不少于半年；海外留学人员和外籍人员在国内工作每年不少于四个月。申请人用于所申请课题研究的时间不少于本人50%的工作时间。

3）科研项目申请者（自然人或申请负责人）的限项申请规定

为保证科研人员能够高质量地开展研究工作，一般项目课题均实行限制申请及承担课题数量规定。如科技部相关计划就规定，每个科研项目申请者（自然人或申请负责人）同期只能申请及主持一项国家主要科技计划课题，作为主要参加人员同期参与承担的国家主要科技计划课题数（含负责主持的课题数）不得超过两项①。同一人不得同期在不同单位申请或参加申请同一类型的项目，即使在不同依托单位申请，仍需遵守相关项目的管理规定。

3. 科研项目申请者（法人）的基本条件及要求

科研项目申请者（法人）必须具备承担该项目科研课题的综合能力；具有从事该项目研究内容相关的工作基础，并具备组织相关科研人员或机构开展课题研究的能力。

法人申请单位可以是一家，也可以是多家单位的组合（一般为 2 ~ 10 家）。

---

① 科技部. 国家科技计划管理暂行规定. 2000 年 10 月 27 日通过

两家以上单位联合申请同一课题，申请单位、协作单位应当签订共同申请协议，明确规定各自所承担的工作和责任。同时必须确定项目牵头申请单位和项目召集人，项目召集人是当然的申请负责人。项目牵头申请单位负责课题的总体设计、协调和系统集成。

承担或参与课题的有关单位应具备较为完善的科研条件，在相关任务领域中具有前期研究成果，具备一定的创新能力和技术基础；有稳定的研发投入，常设研究机构以及稳定的科研队伍和人才，以及健全的科研管理制度等。

国际课题的申请条件除以上要求外，还应符合相关计划项目提出的具体要求。

三、科研项目申请书的撰写规范

（一）科研项目申请书的撰写特点

撰写项目申请书，是研究者必须掌握和运用的基本研究工具。科研项目申请书是申请人将准备研究或正在研究的研究项目提交给主管或资助部门的正式书面文件。撰写项目申请书的意义主要体现在：一是申请者通过申请书向有关主管部门陈述申请研究理由和需求事项，以此获得评审通过及取得支持；二是申请者在完成项目研究的过程中，作为有关主管部门指导检查、督促和鉴定工作的基本依据之一；三是申请者在开展研究的每个阶段，作为布置和完成各个环节的任务书。

根据项目申请书的意义，申请书撰写应该具有以下三个特点：

（1）价值性。价值性是指研究项目应具备的最基本理由。项目申请书必须充分论证其研究项目的应用价值，包括理论价值、学术价值。项目所研究的成果能够直接应用于实践，或对科学理论的发展或科学研究方法具有明显的推动作用，有助于科学研究水平的提高。

（2）计划性。计划性是指项目申请者对研究项目的研究进度和项目经费的预算作出的具体安排和措施。计划的内容包括：①研究人员安排：研究项目的主要负责人以及参加人员情况；研究人员的具体工作分配和协作情况。②项目研究过程的预先安排，研究分为几个阶段，每个阶段的预计完成时间，如何提交阶段成果以及最终成果。③研究项目经费总额及计划支配情况。在撰写计划时必须有循序渐进的思想，条理清楚，阶段分明，使人一目了然。

（3）可行性。可行性指研究项目所依据的理论和事实的根据是科学和客观的；研究方法是可行的；拟采用的技术路线是合适的；研究经费的分配是合理的；有充分论证表明研究者对其研究项目的实验条件和研究能力都是基本成熟的。

(二) 科研项目申请书的撰写规范

科研项目申请书有多种类型，类型的多样化是由于项目主管部门的不同，在写作格式上提出不同的要求。一般而言，科研项目申请书一般为固定文本格式，项目下达部门当年下达项目计划时往往将《项目指南》与申请书同时下达，申请者登陆部门官方网站即可下载到最新版本申请书。项目申请书通常由封面、数据表（基本信息表）、报告正文（课题论证报告）、签字盖章4部分组成[①]。下面从这4部分对科研项目申请书撰写的一般规范做简要介绍。

（1）封面。封面主要包含项目（课题）名称、申请者及其联系方式（电子邮件和电话）、项目依托单位及相关信息。项目和课题的含义在填写申请书时应准确区分。科研项目是为了解决一个由若干科研课题组成的、彼此之间有内在联系的，比较复杂而且综合性较强的科学技术问题而确定的科研题目。科研项目与科研课题之间的主要区别在目标的范围（综合性目标与单一性目标）、研究规模（较大与较小）和研究周期（较长与较短）等方面。而两者在投资、技术难度、复杂程度以及人员结构等方面区别较小。申请者指项目承担单位的首位研究人员，项目依托单位名称指申请者的工作单位，要填写与单位公章一致的全称，不得用简称。

（2）数据表。数据表，又称简表或基本信息表。主要包含以下内容：研究项目（含项目名称、类别、申报学科、申请学科、申请金额、起止年月、所用实验室）、申请者（第一研究人员的姓名、专业技术职务、所在单位）、项目组（除申请者外的主要研究成员情况、参加单位数）、研究内容摘要和主题词。申请者应参照当年的《项目指南》和《项目管理办法》，并根据实际情况认真逐项填写。

（3）报告正文。报告正文是项目申请书的主体部分。申请者必须充分了解国内外科技发展现状与动态，瞄准科技发展前沿或结合国家战略需求，认真构思，自行确定立论依据充分和创新性强的研究方向、研究内容以及研究方案，开展具有重要科学意义或重要应用前景的基础研究，鼓励开展前瞻性和探索性研究，力图通过研究得到新的发现或取得重要进展。撰写项目申请书正文报告时，要求内容翔实、清晰，层次分明，标题突出，版面简洁、易于阅读。一份好的项

---

① 王小曼等. 科研项目申请书撰写的探讨. 气象教育与科技, 2007, (4)

目申请书，应当做到：①重点突出：特别突出项目意义、研究问题、研究方法路线。这些是项目书中重中之重。②论证充分：技术发展现状分析，指出现有技术的缺点，不适合项目应用问题的特殊需求；实际应用系统分析，归纳总结项目问题的特殊性；分析并说明新技术的优势和特点。③条理清晰：把问题分解开来，逐一说明。④逻辑严谨：注意重点突出，前后呼应。⑤用词：术语、书面语，避免口语化。⑥排版：整个申请书版面工整、风格一致、美观，体现出严谨正式的风格。

（4）签字盖章。包括申请人签字、项目组成员签字、合作单位盖章、申请者所在单位及合作单位的审查与保证、项目申请单位及合作单位公章、领导签章（包括日期）。申请者所在单位及合作单位的审查与保证包括三方面内容：①申请者所在单位学术委员会对项目的意义、特色、创新之处和申请者的研究水平的审查意见。②合作单位的审查意见与保证。如果项目是多单位合作承担的，则应具备合作单位同意参加合作研究，并保证对参加合作研究人员时间及工作条件的支持，使其按计划完成所承担的任务的审查意见与保证。③申请者所在单位领导对学术委员会审查结果的同意意见以及保证研究计划实施所需的人力、物力、工作时间等基本条件签署的具体意见等。项目组主要成员中有依托单位以外的人员参加，其所在单位即被视为合作单位，须在申请书信息简表中填写合作单位信息并在签字盖章页上加盖合作单位公章，填写的单位名称须与公章一致。项目申请人为在职研究生的，需通过其在职的聘任单位申请，同时提供导师同意其申请项目并由导师签字的函件，同意函应说明申请项目与其学位论文的关系，承担项目后的工作时间和条件保证等。在国内工作的境外人员申请项目，一般需要提供正式受聘于项目依托单位的聘书与聘任协议复印件等。

科研人员在申报科研项目时，除按照要求逐项填写申请书外，在填写过程中，还应注意：①撰写申请书之前，科研人员应认真阅读和研究相关项目管理条例、规定和办法、申报指南以及有关申请的通知、通告等文件。②申请书必须由项目申请人本人撰写，并对所提交申请材料的真实性、合法性负责。③项目申请人申请项目资助，应当符合项目申请规定的基本条件。④申请人申请科研项目的研究内容已获得其他渠道或项目资助的，应当在申请材料中说明资助情况以及与所申请项目之间的关系。⑤项目依托单位要严格按照相关项目管理办法对申请书的真实性进行审核，并且对申请人的申请资格负责。

第二节　科研项目组织实施阶段的基本规范

一、科研合同或任务书的签订规范

在进行科学研究之前，要根据委托单位和大学、研究机构等双方的要求，履行一定的契约和法律手续，即科研合同或计划任务书的签订或编制。科研人员在签订或编制科研合同（或计划任务书）时，应当了解科研合同（或计划任务书）的性质、意义，规范科研合同（或计划任务书）签订或编制行为，保证科研合同（或计划任务书）签订后得以全面而有效地执行与落实。

科研合同（或计划任务书）是研究机构与委托单位为完成某项科学研究课题，经过磋商，在平等互利的基础上签订的有关技术、经济责任和相应权利的契约[①]。科研合同或计划任务书属于经济合同的范畴，反映的是研究机构与签约单位之间在科研、生产经营过程中的物质关系、经济关系和经济责任。科研项目的设置一般按照课题—专题—子专题来设置。科研项目合同（或计划任务书）签订的基本程序，严格来说，应该是：课题主持方与项目任务下达部门签订合同（或计划任务书），专题主持方与课题主持方签订合同（或计划任务书），子专题承担方与专题主持方签订合同（或计划任务书）。如果不分专题、子专题的，则由课题主持方与任务下达部门签订合同（或计划任务书）。科研合同（或计划任务书）既是对合同签订各方的约束，又是法律依据。科研合同（或计划任务书）是履行科研任务完成的前提和保证。合同（或计划任务书）一经责任各方签字即为生效，这类研究项目的计划也随之确定。

科研合同（或计划任务书）的签订应当遵循下述规范：①科研合同（或计划任务书）的签订要遵循实事求是的原则，合同中所确定的研究内容、技术经济指标应当实事求是地根据项目责任人或课题承担单位现有的工作基础和实际的工作能力进行；项目责任人或课题承担单位不能签订自己力所不能及的合同，这不仅不利于科学技术的发展，而且严重地违背科学责任和科学道德，客观上助长了科学研究中的不正之风。②科研合同（或计划任务书）任务明确，执行计划科学周密。科研项目计划的实施，主要在于落实课题所确定的研究内容、预期目标、执行计划、经费分配等。合同中应当将课题所有内容具体分解到专题，专题分解到子专题，切实做到分工明确。合理科学安排执行计划，以确保计划项目任

---

① 戴陵江等.科学研究指南.成都：成都科技大学出版社，1991.111

务目标的贯彻落实。③科研合同（或计划任务书）签订后，一般不允许变更研究内容及其他有关约定（包括项目负责人）。因故确需调整、变更有关约定（包括研究方案的重大修改）和终止项目研究计划的，须按规定履行报批或备案手续后才能调整、变更和终止有关约定；未经批准的，不得擅自调整、变更和终止有关约定①。④已签订项目计划合同的项目要按计划完成；因故不能按期完成的项目应提出书面报告、说明理由，按相关项目规定履行报批后，方可延期。⑤科研合同（或计划任务书）的签订是一种具有法律效力的法律行为，签约双方均应遵循国家法律法规和相关政策的要求。

二、科研项目的执行规范

科研项目合同签订或计划任务书批准后，便进入具体的组织实施阶段。科研计划项目执行的好坏，直接影响着项目的最终效果和科研目标的实现。

（一）科研项目计划的执行

1. 制定具体的年度实施方案

项目年度实施方案是项目年度计划的具体化，它是以具体的研究安排、试验设计、实验地点、实验方法、研究成员任务分工、经费开支、实验室建设、仪器设备购置等安排，来推动年度计划得以落实的具体方案。由于年度实施方案直接关系到科研计划任务的执行，所以在制订方案时，务必要做到目标明确，具体可行，课题任务落实到专人。通常而言，年度实施方案包括下述内容，即总述、研究月进度安排、试验设计、课题组成员任务分工、实验条件建设、经费开支预算等。

2. 年度计划的实施与调控

严格执行计划的落实。按照年度实施方案，组织项目组成员，根据任务分工，开展项目研究工作，完成年度计划任务。在实际执行中，强调计划执行的合约性、一致性，不要在一些可有可无的实验以及不必要的行为上浪费时间。

做好计划实施中的调控。再科学周密的计划，也有可能事先想得不周到甚至存在不妥之处。这就需要在执行过程中进行调整或纠偏②。例如，原定的技术路

---

① 徐思祖. 农业科技工作者指南：从选题立项到成果转化. 北京：中国农业出版社，1999. 112，113
② 李魁彩. 现代科技管理指南. 北京：中国城市经济社会出版社，1990. 108 ～ 111

线、采用的实验方案等行不通，必须重新设计；某些研究结果或实验数据远离理论假设，需要多次重复等。计划实施中的调控是针对其中出现的情况与问题而进行的适时调整或控制行为。

重视年度计划总结。总结一年中项目计划完成的情况，检讨研究工作中存在的问题与不足，特别要对那些没有完成或没有达到预期结果的工作，研讨补救或加强的措施，同时要做好下一年度工作计划的安排。年度计划总结的主要内容包括研究进展和主要成果、计划调整与变动情况、经费使用情况、存在的主要问题和建议、下一年度的计划安排等。

3. 项目计划的中期总结与评估

中期总结与评估是项目实施一段时间之后，特别是一些计划周期较长的重点、重大项目或课题、专题，在实施过程的中期对其前半段的计划执行情况进行全面或部分地总结与评估。中期总结与评估对保证计划任务的完成和课题调整有重要作用。例如，国家自然科学基金项目、国家重点基础研究发展规划（973 计划）项目、中国科学院基础研究、科技攻关项目等都对中期总结和评估有着明确的规定。中期总结和评估主要以科研计划项目合同或任务书为依据，包括计划执行情况、科研进度与成果、存在问题与原因、调整意见与后一段计划安排，等等。中期总结和评估是对项目负责人或项目承担单位的一种督促，目的在于更有效地促进项目合同或任务书的执行。项目负责人或项目承担单位应认真、如实进行中期进展评估报告，评估完成后应该按照专家组的评估意见，及时采取有效措施予以整改和完善。

4. 项目验收和总结

验收和总结是科研计划管理的一个重要组成部分，包括结题、验收、鉴定、申请奖励等。这部分在后文有专门论述。

（二）执行中的项目计划管理

1. 项目计划实施的组织与协调[①]

项目负责人和单位科技管理部门在项目计划实施过程中负有组织与协调的责任。项目负责人主要负责课题组的组织与协调工作，组织课题组的全体成员实施项目研究计划，协调成员间的研究进度与工作的衔接，保证研究条件的落实。项

---

① 杨立保. 预研项目负责人管理行为研究. 科研管理, 1999, (3)

目依托单位科技管理部门组织与协调的范围一般是课题组与课题组之间，或是代表课题上级主管部门行使某些管理权限，如代替项目主持部门进行项目研究进度的检查、考核、验收、鉴定等。此外，包括课题组之间无法自行解决的一些管理工作。

2. 项目计划执行的日常管理规范

在项目计划执行过程中，科研人员应当遵循：①科研项目实行课题制[①]，项目负责人全面负责课题的进度、经费、人员调配、物资管理等项工作，按合同或计划任务书约定的项目进度完成各项任务并接受检查考核。②科研项目负责人在项目批准后应立即组织力量实施，按资助部门及相关科研计划项目的管理规定，按时上报中期、年度进展情况汇报表及阶段性研究成果。中途无正当理由不得拖延或变动项目计划中的内容。因故需修改任务指标或更换课题组重要成员，应报经项目资助部门同意后，方可实施。③在项目执行中，应做好规范的实验记录，做到及时、准确、真实、完整。科研记录内容主要包括实验名称、方案、人员、时间、材料、环境、方法、具体的实验步骤、过程、结果等，并应准确记录观察指标的数据变化。④科研项目经费必须严格按照国家财务制度和专项经费管理规章制度执行。⑤科研合同或任务书全部完成，并达到预期目标，项目负责人应按项目资助部门的要求，及时提出结题申请，实事求是地填写项目结题申请表，并提交工作总结及有关证明材料。经过资助部门组织专家组评审通过并获得资助部门批复后，视为结题。⑥因特殊理由需要延期的项目，项目负责人应实事求是地阐明延期理由和原因，填写项目延期申请表，报项目资助部门审批。延期时间一般不得超过该项目研究时间的 $1/2$。在项目延期过程中，项目主持人不得申报同类型新的科研课题。⑦因某种原因造成项目中止者，项目负责人应填写中止报告，报项目资助部门备案，负责做好技术资料的清理、归档和仪器试剂的清点移交工作，同时剩余经费应缴回项目资助部门。项目中止的原因通常有：严重违反科研经费管理制度；拒不接受项目检查，拒交检查报告和成果；按合同规定无法结题或没有通过结题的项目；没有办理延期手续，或超过延期时间的项目，等等。⑧研究工作中形成的所有资料特别是原始资料，记载从项目申请、立项、研究到结题全过程的重要情况，收藏有关文字、音像和经费开支等材料，应当做到完整清晰。项目结束后，项目负责人应及时将所有相关资料整理归档。

---

① 陈省平. 科技项目管理. 广州：中山大学出版社，2007. 102～107

3. 科研项目经费的管理与使用

科技项目经费是指科研计划项目所投入的一切费用，包括资金投入和人员、设备、设施投入。大致可分为两类：一是国家拨款和委托研究拨款，二是科研单位自筹资金的投入。科技项目经费的主要作用是要保证科研项目（或专项任务）顺利开展，促进科学技术水平得以不断提高。

科研项目经费管理与使用的原则。我国国家计划项目经费的管理和使用，需要坚持下述原则：坚持科研项目（或专项任务）顺利开展的原则；坚持实事求是、精打细算、合理安排的原则；坚持项目经费实行专款专用的原则；坚持贯彻项目经费使用的预决算制度；坚持贯彻国家财务制度、财经纪律，预防违法违纪现象的发生。

科研项目经费的使用范围。科研经费是属于随科研项目而匹配的补助性专项资金，不同来源的经费使用范围都有比较明确的规定。按照科研项目经费的使用类型来划分，主要有以下三个方面：①经费支出的基本范围。日常科研业务费、试验用的材料费、分析测试费、计算费、印刷复制费、调研费、研究外协费、管理费以及与项目研究、开发、转让、推广直接有关的其他支出。②固定资产建设。直接为该项目所必须增添的专用仪器设备费和维修费用，实验室等设施改造所需的投入。③公共性经费支出。如人才培养、专用图书资料、通讯设施、宣传报道、成果展销等。

按照科技部国科发财字［2005］462号文件规定，下列费用不得列入科研项目专项经费开支：①应在基本建设资金、各种专项资金中开支的费用。如土建费，通用仪器设备购置费，实验室扩大更新费等。②各种奖金、职工集体福利支出。如人员工资、辅助工资、奖金、津贴、劳保福利费、出国考察等国际活动费等。③批准资助前已订、已购的仪器设备和其他费用。④与科研经营开发无关的其他费用。⑤财经制度不准用科研项目专项经费支付的和超过规定开支标准的各项费①。

不同类型的科研项目，经费实行分类管理②。其规范如下：

（1）研究项目的经费管理。研究项目包括基础研究、应用基础研究和应用研究，是科研单位工作的主体。研究单位获得的科研经费大多数是研究项目的补

---

① 《科技部关于严肃财经纪律规范国家科技计划课题经费使用和加强监管的通知》（国科发财字［2005］462号，2005年12月）规定：严禁从课题经费提成用于人员奖励支出；严禁从课题经费中直接提取管理费计入课题成本；严禁挤占挪用课题经费、超预算范围开支的行为；严禁违反规定自行调整课题经费预算；严禁编制虚假预算套取课题经费；严禁课题结题后不及时进行财务结算，长期挂账报销费用；严禁提供虚假配套承诺或及时足额提供配套资金；严禁课题经费脱离依托单位财务部门监管等

② 徐思祖．农业科技工作者指南：从选题立项到成果转化．北京：中国农业出版社，1999. 158，159

助经费，大都是国家无偿拨款。这类项目的计划来源渠道较多，因此经费的拨款渠道也较多，经费的使用管理办法往往差异也较大。尽管如此，但其中也有一些共同遵循的要点。其一，科研经费的拨款都是依据科研项目合同或计划任务书来执行的，并且详细规定了经费的使用科目和金额；其二，科研经费均属于国家财政拨款（横向课题除外），必须遵守国家财政部门关于科技三项经费的使用管理规定；其三，科研经费采用一次核定、按进度分年（期）拨款，项目承担单位对项目经费应单独建账、单独核算、专款专用；其四，项目组应在单位财务管理部门指导下，合理编制预决算，按计划和规定的开支范围自主支配使用课题经费。除了共同点之外，各类研究项目对经费的使用还有着不同的要求和管理办法。这是项目负责人、项目组成员和单位科研管理人员应当认真研究并掌握了解不同项目经费管理办法和经费使用范围的特别之处，并在实际执行中防止超出规定范围使用科研项目经费现象的发生。

（2）开发项目（包括中试）的经费管理。开发项目（包括中试），是指科技成果转化的项目，即从实验室样机（样品、样件）到中间试验和工业化试生产阶段的项目。一般情况下，国家各级政府和有关部门对这类项目的财政支持均采用贷款或者是拨贷结合的方式。由于开发项目（包括中试）经费来源不同，所以在使用管理办法上与国家无偿提供的研究经费有着很大差别。其一，无偿科研经费来源于国家财政拨款，其经费使用受直接资助部门的监督；而科技开发项目的经费来源既受控于项目计划编制部门（贷款指标），又受到直接提供贷款银行的监督和管理。其二，科技开发项目的贷款必须严格按照贷款的管理办法来执行，按照有关规定及贷款合同的要求使用资金，实行专款专用，不得挪做他用。其三，贷款经费的使用及管理，要注意资金的使用效果和经济效益，确保到期偿还银行的本金和利息。

（3）推广项目的经费管理。推广项目是指将已经得到实践验证的优秀科技成果与生产实践相结合的过程。这类项目所需要的经费主要是用于生产成本投入或生产管理投入的流动资金，实质上就是生产过程中的流动资金。其经费来源多为科技贷款，少数项目也可能是拨贷结合。推广项目的经费使用与生产经费基本相同，所以在经费管理上，基本按照生产经费的管理办法来进行。

项目负责人在经费使用管理中的责任和义务。项目负责人是科研经费支配的决策人，有权在财政制度规定的范围内和在单位财务管理部门的指导与监督下，按计划开支范围自主支配和使用项目经费，确保项目研究工作的正常开展；项目负责人是科研经费使用的第一责任人，应按项目资助（委托）部门及其有关规定，认真履行职责，负责编制年度经费预算，严格按照项目批复预算使用经费，并对其管理的项目经费开支的真实性、可靠性负法律责任。项目负责人和项目组成员要认真学习国家财务制度和有关规章制度，本着勤俭节约、精打细算的原则，努力发挥经费投入的最大效益。同时，要自觉接受有关方面的监督检查，按有关规定编制项目决算，预防项目经费管理和使用中违规违纪行为的发生。

三、科研计划项目组织实施中的协作与交流规范

现代科学的发展使科研活动越来越依赖于科研人员和机构之间的交流与合作，科学事业任何进步和成功都必须以学术交流与合作为基础，依靠协同、合作和群体的力量。科研人员应当充分认识到科研协作与交流对于科研研究活动的重要性，体认科研协作与交流不仅是发展科学技术的必要条件，而且是增加科研人员在同行中的认可程度、提升其学术生命价值的重要途径。

（一）科研协作规范

规范有效地开展科研协作，有利于资源整合，提高科研效率，对于推动项目研究的不断深入有着重要意义。科研人员和机构之间的协作有很多形式，如多学科之间的协作，跨单位、跨部门相关学科专业的协作，集中协作、联合攻关，产学研的协作等。科研协作一般应遵循以下规范：科研人员和机构要增强团结协作的意识，提高对开展跨单位、跨学科科研协作重要性的认识；合作群体成员要做到各取所长、分工协作、优势互补，有利于共同协作推动科研任务的顺利完成；合作群体成员在项目计划实施前达成并签订的协议、合同和章程，是开展科研协作活动的规范，是指导协作的纲领性文件。一切活动应严格按照协议或合同的条款进行，协议或合同中应写明确合作群体成员之间的利益、责任、义务和奖惩措施；合作群体成员实行利益分享、责任共担、合法合情、协商解决；在协作研究中，合作群体成员要树立正确的世界观、人生观和价值观，正确对待个人利益的得失，发扬大公无私和勇于奉献的精神。应为学科建设和事业发展的大局考虑，要有互相谦让、互相帮助，舍小局、顾大局，讲团结、讲奉献的精神①。

（二）学术交流规范

学术交流活动是活跃学术氛围、加强学术信息沟通、推进学术环境建设的重要方法和形式，是广大科技工作者交流思想、观念和信息的重要手段，是启迪智

---

① 周增桓等．对科研协作中若干问题的探讨．中华医学科研管理杂志．2000，（3）

慧、获得灵感的有效途径。科研人员和机构之间的交流形式有多种，如以座谈、商讨、成果展示或相互交换等进行的项目组内部交流，以互访、讲学、经验交流、学术研讨等形式进行的项目组际交流等。学术交流一般应遵循以下规范：科研人员应当积极参加各种学术交流，积极追寻国内外的科学前沿和发展趋势，研讨学科发展动态，及时了解并掌握科学研究的新成果、新进展；科研人员在学术交流与合作中应该互通信息和资源共享，及时地公开个人的研究进展，展示个人科研创新的成果，同时尊重他人的研究成果和优先权。在报告个人成果时，应当准确、客观、详细地描述自己的研究过程和结论，以供其他科研人员交流研讨。在学术交流中，激发、启迪作用最有效的方式是学术对话和学术批评，应当充分发扬学术民主，提倡不同观点的自由讨论、相互交流与学术争鸣，对不同学术观点要有尊重和包容的态度，不搞垄断、霸道，防止学术上的"话语霸权"。当他人对自己的研究工作及成果提出质疑时，要谦虚谨慎，据理说明，对别人的研究工作及成果有不同的意见，也应该以理服人，采取商榷、讨论、研究的态度，互相尊重，平等待人。学术交流活动是以促进学术研究为目的，应当就学术论学术，不能掺杂功利或其他目的，来组织或参与学术交流活动。

第三节　科研成果形成阶段的基本规范

一、数据信息的收集、存储与使用

科研数据信息是科学研究的基础，是跟踪和吸收世界最新成就和学术思想、了解学科前沿动向并获得最新资料、概念的手段。在整个科学研究过程中，从项目课题的确定、实施、观测试验、理论分析，到科研成果形成与验证，数据信息贯穿着整个研究工作的始终。科研人员不仅要能够获取所需的特定数据信息，具备甄别、选择、利用数据信息的能力，而且应当自觉遵守科研数据信息的收集、存储与使用规范。

（一）数据信息的收集

1. 数据信息的来源

科学研究立足于数据与信息。当研究课题确定之后，科研人员必须围绕着选题，广泛地收集数据信息。数据信息的来源一般可分为三大类：一是通过现场实地调查、观察、测量、考察等获得的数据信息；二是通过试验、实验、鉴定、测定、化学分析、仪器分析、计算等所得的各种数据信息；三是从有关文献及参考资料中所载前人已做的结果，试验、观测、考察、观察等记录及成功的经验和失败的教训中得到数据信息①。在上述各类材料中，前两类通常是科研人员亲手收集取得的，因而称为第一手材料，也称为原始数据信息。获取原始数据信息是研究问题最重要和最基本的起点。除此以外，前人留下的文献资料及科研成就与经验同样也是科学研究的宝贵财富。

2. 数据信息收集的基本规范

在收集数据信息时，科研人员应遵循：第一，要保证数据信息收集的客观性。对原始数据信息必须确保信息来源、收集方法、收集过程及其所收集到的数据信息的科学性，不能为了某种目的而对数据信息进行人为的加工、篡改。判断自己所收集的数据信息，特别是第二手数据信息的可靠性，应当经过认真分析辨别。对于无法辨别的，则在撰写科研报告、论文时应予以注明。第二，根据不同方案所得的试验或观测的结果，或者依同一方案所作的不同试验或观测所得的结果应作充分比较，然后方可决定取舍②。第三，对于试验或观测中出现的前后有偏差甚至自相矛盾的数据信息，在未进行考证核实以前，切忌主观武断，不可凭空任意选择。第四，要以研究者自己的实践所得的第一手材料为基础，同时大量吸收前人的科研成就和经验，并做到勤于收集、长期积累、系统整理和善于利用，这对于一个科研人员的成功起着重要的作用。

3. 数据信息收集的伦理规范

数据信息的收集还应遵守下述伦理规范：第一，无害原则。科研人员在数据信息收集中，应尽可能避免对他人造成不必要的伤害，这是数据信息收集必须严格遵守的最基本的道德要求。第二，公正原则。公正原则是基于现实数据信息活动中的不平等所提出的伦理原则，依据公正原则，只要对他人无害，科研人员能够自由地收集数据信息，其权利应该得到尊重和保护。第三，自主原则。个人拥有自我决定和支配其合法的数据信息权利，研究者收集数据信息时，应当充分尊重他人的数据信息自主权。未经允许窃取、散布他人的数据信息，或者超越约定的范围使用他人的数据信息，都构成对公民数据信息自主权的侵犯。第四，知情同意原则。自主原则的正确实施应该以当事人是否掌握并且能够自己决定行为后果的相关数据信息为前提。研究人员在收集数据信息时，应该使受到影响的利害关系人充分知晓其数据信息行为及可能的后果，并自主地做出决策③。

---

① 陈国达．怎样进行科学研究．北京：科学出版社，1991.148
② 陈国达．怎样进行科学研究．北京：科学出版社，1991.152，153
③ 郑凌晓．网络信息收集过程中的道德问题．研究电脑与电信，2007，(5)

根据上述伦理规范，研究人员在数据信息收集过程中，一方面要自觉维护自身数据信息权利不受侵犯，另一方面要尊重和保护他人的数据信息权利。凡可能涉及他人隐私权、知识产权和数据信息安全权的，必须获得授权人的许可后，方可收集和使用。

（二）数据信息的保存

数据信息的保存是指从研究开始到收集所有研究数据信息，并转换为最终分析数据库全过程中进行数据信息方面的保存工作。数据信息保存的目的是将从研究对象获得的数据信息及时、完整、无误地收集、整理，确保研究项目所获得资料的真实、规范和完整。数据信息保存是为研究项目提供完整的、高质量数据的基础。

1. 数据信息的存储管理

科研数据信息是科学共同体和科研人员在科技活动中产生的数据等资料以及按照不同需求系统加工的数据产品，包括科学共同体和科研人员在科学研究过程中形成的文字、图表、声像、电子文件等形式的原始性、基础性文献数据信息以及以实际存在的物品形式出现的各类标本、样品、实验材料等实物数据信息，具有重要的科学价值、经济价值和社会价值。科研人员在执行各类科技计划项目的过程中，应当重视并认真做好各类科研数据信息的整理、保管工作，保障科研数据信息的完整和安全。

原始数据信息是指科研人员在科学研究过程中运用实验、观察、调查或资料分析等方法根据实际情况直接产生的数据信息，是对获得的第一手资料直接记录，可作为不同时期深入进行该课题研究的基础资料。原始数据信息最能够反映科学研究真实原始的情况，因此，对原始数据信息的保护十分重要。每个参与实施项目计划的人都有义务做好各种原始记录和数据处理工作，并对所记录的文献和处理的数据信息负责。项目组建立工作日志，定期检查原始数据信息保存的执行情况，保证各种原始资料的完整性、准确性和可追溯性。电子数据信息同时存在相应的纸质或其他载体形式的数据信息时，应在内容、相关说明及描述上保持一致，如没有纸质等拷贝件，必须制成纸质或缩微品等形式，并与电子数据信息同时保存。原始数据信息的保管，应由产生这些数据信息的研究机构和科研人员共同保存，以防发生人为篡改的现象。

实物数据信息是科研人员在科学研究过程中形成的以实际存在的物品形式出现的原始信息资源，是记录和反映科研活动事项的重要历史资料和证据。实物数据信息应当按照有关规定予以保护和保存。但由于实物数据信息的特殊性，一旦保存不当将直接影响其使用寿命，因此必须适时地做好保养与护理工作，以免发生变质。涉及危险品的实物材料必须进行特别保存，科研人员应当使用特定的手段对其作特殊的存储，并严格遵守相关的规定。

2. 数据信息的安全存储

数据安全问题是信息化社会中最为重要的问题之一，随着当代科学技术的发展，数据信息的存储安全也面临着越来越多的考验和威胁。科研数据信息的安全存储包括两方面：一是面向数据的安全，包括数据的保密性、完整性和可获性；二是面向科研人员的使用安全，即鉴别、授权、访问控制、抗否认性和可服务性以及基于内容的个人隐私、知识产权等的保护。[①] 我国信息安全管理的基本方针是"兴利除弊，集中监控，分级管理，保障国家安全"。根据这一方针，科研人员对于数据信息的安全存储负有管理责任。

数据信息的安全存储要依靠技术手段，如密码技术、身份验证技术、防火墙技术、防病毒防黑客入侵等安全机制，更需要科研人员共同营造一个良好的安全环境作保障[②]。为加强数据信息的管理，确保数据安全和使用安全，科研人员应当做到：对所收集到的数据信息进行妥善保管，尽量降低各种可能的风险，以免遭受意外的损害、损失或失窃。电子数据信息自形成时应有严格的管理制度和技术措施，保证电子文件不被非正常改动，定期制作电子数据信息的备份，存储于能够脱机保存的载体上。科研人员应当遵守有关数据信息保存期限的规定，应特别注意某些学科有关数据信息保存期限的特殊规定，对保存期限到期或者已经确定不再需要的数据信息，必须严格遵守相关规定予以处理。科研人员应当掌握和了解数据信息安全知识，并且自觉保证数据信息的安全。项目主持人应该经常抽查项目组成员是否依照安全标准行事，项目组成员调离时，应当与其事先协议数据信息保存的事项，调离人员应严格遵守相关约定。

3. 涉密数据信息的存储

由于某些科研工作性质的特殊性，其数据信息包含一些涉密内容。保证涉密数据信息的安全，防止重要数据信息的泄密，成为存储工作的重要任务。

为安全存储涉密的数据信息，科研人员应当严格遵守《中华人民共和国保守国家秘密法》、《计算机信息系统保密管理暂行规定》以及有关保密法规，执行安全保密制度，对所制作、使用和保存的数据信息负责。制作、使用、保存涉密

---

① 马费成等. 数据资源管理. 北京：高等教育出版社, 2005. 236
② 杨义先等. 网络信息安全与保密. 北京：北京邮电大学出版社, 2001. 30~60

载体的场所应当符合保密要求,涉密载体应由专人管理,无关人员不应让其接触;涉密载体原则上不得带离保存涉密载体的场所,确因工作需要必须携带外出的,必须按照有关规定予以审批,携带人应当采取保护措施,确保涉密载体安全;禁止骑自行车或乘公共汽车时携带涉密载体和涉密笔记本电脑,禁止携带涉密载体和涉密笔记本电脑外出参观、浏览、探亲、访友、参加公共活动、涉外活动或出境。涉密数据信息电子版严格做到在涉密计算机及其网络中处理和存储,涉密计算机系统必须与因特网实行物理隔离;非涉密计算机不得处理涉密数据信息,不得接入涉密移动存储介质,不得在家庭电脑中处理涉密数据信息;涉密移动存储设备不得存储与工作无关的数据信息,不得带离工作岗位,不得连接非涉密服务器、计算机和笔记本电脑;不得在互联网上处理、归档和存储涉密数据信息,不得利用非涉密电子邮箱、网络硬盘、博客网站上传、下载和存储涉密数据信息。涉密存储介质发生数据损坏需要维修的,应该到具有涉密数据信息恢复资质的单位进行恢复;涉密存储介质的销毁事先应经过检测、消磁、安全鉴定等专业的技术处理后,再送到指定的涉密存储介质销毁地点实施物理销毁。涉密人员应加强保密责任意识,了解数据信息安全保护手段和方法,妥善保管和使用涉密计算机和涉密载体,负责岗位所在工作场所和保密设备设施安全,定期对保密要害部位、涉密计算机和涉密载体进行保密检查,涉密人员在离岗离职前须将涉密载体及时、如数移交继任人员。

(三) 数据信息的使用

数据信息是技术和知识创造的基础,数据信息收集、存储的目的在于使用它来创造新的技术和知识。只有将数据信息充分运用于科学活动的实践,并不断转换为新的技术和知识成果,才能为社会创造出更多、更有价值的财富。

1. 公有领域数据信息的使用[①]

公有领域数据信息是指不受版权法保护的数据信息,是社会的共同财富,可以自由使用。具体有以下几种类型:一是不适用版权法保护的数据信息。如各国的法律、法规、国家机关的决议、决定命令和其他具有立法、行政、司法性质的文件及其官方正式译文,时事新闻,历法、数表、通用表格和公式等。二是已过保护期限的数据信息。国际组织条约和各国版权法对作品数据信息的保护期限不等。有的国家规定为 25 年、30 年,有的国家规定为 60 年、70 年或 80 年,更多

---

① 吴睿. 数字信息资源合理使用问题探讨. 科技信息 (学术研究), 2008, (18)

的国家，如英国、法国、意大利、瑞典、瑞士、丹麦、日本、菲律宾、新加坡、埃及、美国、加拿大、澳大利亚等国则规定为 50 年。《伯尔尼公约》给予作品保护的期限为作者终生加其死后 50 年。我国版权法规定，除署名权、修改权、保护作品完整权实行永久保护外，其他权利保护期限为作者终生及死亡后 50 年。三是超出地域制约的数据信息。如我国国家版权局于 1993 年发布《关于为特定目的的使用外国作品特定复制本的通知》，严格限制对外国作品的复制，但这种限制仅及于《伯尔尼公约》成员国的文学、艺术和科学作品。

2. 受版权法保护的数据信息的使用

受版权法保护的数据信息，必须严格按照法律的规定，在合理使用的范围内，使用他人的作品而不必征得著作权人的同意，也不必向著作权人支付报酬，但应当指明作者的姓名、作品名称、作品出处，并且不得侵犯著作权人的其他权利。关于受版权法保护作品的合理使用，后文将专门述及，此处不再赘述。

3. 许可授权的使用

除公有领域和受版权法保护的数据信息外，一般而言，其他数据信息的使用事先必须获得授权许可。授权许可包括法定许可和协议许可两类。法定许可使用是指法律明文规定，可以不经著作权人许可，以特定的方式有偿使用他人已经发表的数据信息的行为。几乎所有建立了版权制度的国家都实行法定许可制。法定许可涉及的权利项目很多，可以包括录制权、汇编权、广播权等。我国著作权法规定的法定许可情况主要有：①报刊社转载、摘编其他报刊已经登载的作品；②录音制作者使用他人已发表的作品制作录音作品；③使用他人已发表的作品进行营业性表演；④使用他人已发表的作品制作广播电视节目；⑤为国家教育规划而编写出版教科书。法定许可使用应当尊重作者的其他各项人身权利和财产权。著作权人声明不许使用的不得使用[①]。协议许可使用是指在法律允许的范围内，数据提供方和使用方经过协议授权使用相关数据信息的行为。许可他人使用相关数据信息的，应当订立许可使用合同。根据我国著作权法的规定，实施协议许可时，必须注意：①协议许可的数据信息必须是在法律法规允许使用的范围内；②许可使用的权利是专有使用权的，其内容应由合同约定；③除合同另有约定外，被许可人许可第三人行使同一权利，必须取得许可人的许可；④被许可人必须在使用权限范围内使用授权使用的数据信息，同时要严守数据信息的机密[②]。

---

① 马柳春. 国际版权法律制度. 北京：世界图书出版公司，1994. 29
② 国家版权局办公室. 著作权法律法规选编. 北京：工商出版社，2002. 76，77

4. 其他特殊数据信息的使用

涉及个人隐私的数据必须在获得当事人的知情同意后，方可在事先约定的范围内使用，不得超出使用范围，除另有约定的以外，不得把数据信息传递、透露给第三人；需要使用他人未正式公开发表的数据信息，必须事先获得数据信息权利人的授权许可，并以适当的方式说明数据来源；使用具有保密限制的数据，必须事先得到授权许可后才能接触与使用，同时应当遵守国家保密法律法规。

二、知识产权的合理使用

科学共同体和科研人员在进行知识创造的同时，经常运用到他人的技术和知识成果，来实现和达到自身的目标。在特定的条件下，法律允许他人自由使用著作权作品而不必征得著作权人的同意，也不必向著作权人支付报酬的情形，在著作权法领域称为合理使用，学理上通常把其称为"自愿许可"制度。知识产权人在享有知识产权的同时，应对社会公众承担一定的义务，允许社会公众合理使用其作品，这是知识产权人的重要义务之一①。但是科研人员在吸收和利用他人的成果时，必须严格把握合理使用的尺度，不可超出法定的范围，一旦超出"合理使用"的范围，就可能对他人的合法权益造成侵害。

（一）著作权的合理使用范围

"合理使用"是目前各国版权法中普遍承认的原则。作品的合理使用，是指在一定范围内使用作品可以不经著作权人许可，不向其支付报酬，但应当指明作者姓名、作品名称及其出处。合理使用是对著作权人知识产权的限制，著作权人的人身权不存在合理使用的问题。

国际组织缔结的公约、条约和各国的版权法对合理使用都有规定，我国著作权法也有规定②。由于政治制度、文化传统与价值观念的不同，经济、科学技术与文化教育的发展水平不同，各国在其版权法律及不同时期的版权立法中，赋予作者的权利及对作者权利的限制各不相同，"合理使用"的范围略有不同。尽管各国在立法中的规定表述不同，且适用情形不同，但一般而言，下列使用被认为是合理使用，不构成对著作权利人的侵害：①为了个人学习、学术研究、评论或新闻报道而摘录或复制已经发表的作品；②报纸刊登、电台播放公开发表的演说

① 王云娣. 数字信息资源的开发与利用研究. 武汉：武汉大学出版社, 2005. 322
② 马柳春. 国际版权法律制度. 北京：世界图书出版公司, 1994. 28

或者已经发表的有关当前政治、经济、宗教的专题文章（但作者声明不准复制的除外）；③为了教学目的，翻译或者少量复制已经发表的作品，但不得出版发行；④公共图书馆、档案馆或文献资料中心为保藏版本或供公众借阅等目的而复制已经发表的作品（包括印刷出版和音像制品）；⑤在自己作品中少量引用他人已发表的作品；⑥过了版权保护期的作品。但在使用他人作品时，应当指明作者姓名、作品名称及其出处。有些国家在列举上述内容的同时还提出了合理使用的判断原则。如美国《版权法》第107条规定，即在任何特定的情况下，确定对一部作品的使用是否是合理使用，要考虑的因素应当包括：①使用的目的和性质，即是营利性还是非营利性的；②享有著作权作品的性质；③同整个著作权作品相比所使用的部分的数量和质量；④使用对有著作权作品潜在市场或价值的影响。这四个原则也被许多国家在考虑合理使用范围时所采用。

（二）常见的超越合理使用范围的侵权行为

通常而言，除法律另有规定的，未经作者或其他版权所有者授权，擅自对某一受版权保护的作品行使作者的"专有权利"，就叫做侵犯知识产权。所谓侵犯知识产权，至少应当有两个因素：①使用的作品必须是受版权保护的作品，使用已经失去版权的作品或不受版权保护的作品，不能认为是侵犯版权；②使用者使用作品的行为，必须是法律授予作者"专有权利"所限制的行为[1]。

侵犯他人著作权包括两方面的内容，即对作者人身权利的侵犯和对版权所有人财产权利的侵犯。常见的侵犯他人著作权以及与著作权有关的权益的行为有：①未经著作权人许可，发表其作品的；②未经合作作者许可，将与他人合作创作的作品当做自己单独创作的作品发表的；③没有参加创作，为谋取个人名利，在他人作品上署名的；④歪曲、篡改他人作品的；⑤抄袭、剽窃他人作品的；⑥使用他人作品，应当支付报酬而未支付的；⑦未经出版者许可，使用其出版的图书、期刊的版式设计的；⑧其他侵犯著作权以及与著作权有关的权益的行为[2]。

常见的计算机软件侵权行为有：①未经著作权人许可，发表或者登记其软件的；②将他人开发的软件作为自己的软件发表或者登记的；③未经合作作者许可，将与他人合作开发的软件作为自己单独完成的软件发表或者登记的；④在他人软件上署名或者更改他人软件上的署名的；⑤未经著作权人许可，修改、翻译其软件的；⑥复制或者部分复制著作权人的软件的；⑦向公众发行、出租、通过信息网络传播著作权人的软件的；⑧故意避开或者破坏著作权人为保护其软件著

---

① 马柳春. 国际版权法律制度. 北京：世界图书出版公司，1994. 39
② 国家版权局办公室. 著作权法律法规选编. 北京：工商出版社，2002. 45～47

作权而采取的技术措施的；⑨故意删除或者改变软件权利管理电子信息的；⑩其他侵犯软件著作权的行为。侵犯他人知识产权的行为是一个民事侵权行为，应依法受到制裁①。

(三) 数字资源的合理使用

数字时代的到来，给作品的创作、传播、保护和管理带来了一系列新的变化。网络快捷的全球传播性和无限复制性，一方面为科研人员获取信息资源提供了简单便利、富有效率的方式与途径；另一方面也模糊了合理使用与侵权使用的界限，给传统的知识产权保护带来一系列新的问题。对于数字资源，国家版权法及国际条约同样给予保护。科研人员在使用中也必须把握好合理使用的尺度，不得侵犯他人的合法权益。根据各国版权立法及国际条约规定，大多数国家著作权法的合理使用条款，自然延伸到数字环境中，同时考虑到数字时代的特点，为数字作品的网络复制、传播等制定了新的著作权例外与限制条款。

一般认为，下列使用被认为是合理使用：①用户的临时复制、缓存。在不侵犯著作权的情况下，用户有权浏览著作权作品；在保证作品完整性的前提下，出于合理使用的目的使用著作权产品；出于学习、研究的目的适量复制著作权作品，但该复制件不能向公众传播。②权利管理信息和技术措施的例外与免责。为公共目的规避免责，为科研、技术提高目的的反向工程、解密研究、安全测试的免责，为保护个人隐私目的的私人信息的免责，为保护未成年人利益的免责。③数据库的合理使用。为了说明、解释、举例、评论、批评、教学、研究或分析的目的，传播或摘录数据库内容的合理行为；为了教育、科学或研究等非商业性目的，传播或摘录数据库内容的行为，但不得对数据库产品或服务的基本市场或相关市场造成重大损害；传播或摘录数据库中的单个信息或数据库内容的非实质部分的行为，但是恶意的重复或系统性的行为不在此列；仅仅为了验证信息的准确性而传播或摘录信息的行为；政府部门因实施调查、保护或情报活动传播或摘录信息的行为，等等②。

常见的网络侵权行为有：①未经作品权利人许可，擅自发表其作品；②未经合作作者许可，将与他人合作创作的作品当做自己单独创作的作品发表；③没有参加创作，为谋取个人名利，在他人作品上署名；④歪曲、篡改他人作品；⑤剽窃他人作品；⑥未经许可擅自以复制、展览、发行、放映、改编、翻译、注释、汇编等方式将作品用于网络传播；⑦将他人作品用于网络传播，未按规定支付报酬；

---

① 国家版权局办公室.著作权法律法规选编.北京：工商出版社，2002.105，106
② 丛立先.网络版权问题研究.武汉：武汉大学出版社，2004.122～142

⑧侵犯版权邻接权的行为；⑨规避或破坏保护作品版权的技术措施；⑩破坏作品的权利管理电子信息等①。侵犯他人网络版权的行为依法同样应承担相关的法律责任。

三、科研成果的创新和保护

科研成果是科研人员在实验观察、理论研究、开发应用等科研活动中，所取得的有价值、符合规律的创新性劳动成就或结果，是科研人员脑力劳动和体力劳动的创造性结晶，也是科学研究的最终目的和归宿。科研成果作为技术和知识产品，在当代社会中表现出巨大的社会作用。一方面，这种作用体现为生产力功能，直接用于改造自然和改造社会；另一方面，科研成果的获得是科研人员不懈探索未知的动力基础，是科技事业不断进步和成功的源泉。科学技术的进步与发展正是依靠全社会各类有价值的科研成果的强有力的支撑，而科研成果的形成与获取，则是广大科研人员不断发现问题、思考问题和解决问题的结果，同时也是他们对科学价值正确判断、刻苦追求和锐意创新的结果。

（一）科学创新的基本行为规范

1. 科学创新的特征

科学研究是运用严密的科学方法，从事有目的、有计划、有系统的认识客观世界、探索客观真理的活动过程。创新性是科学研究的灵魂，它体现科学研究的真正价值。具体而言，其特征表现在以下三方面：第一是真理性。科学从不迷信权威。真正的科学家永远怀疑人们已经发现的东西，而且不断地对它质疑，发现新的东西。第二是科学思想所表达的创新性。科学无论是探究自然的奥秘，还是用于解决人类所面临的实际问题，它的途径、方法和手段都在不断地创新。即使是应用已有的知识解决问题，也是以创新性的方式实现的。科学在不断地创新中增长自己新的技术和知识。第三是开放性。科学活动是开放的体系，科学接纳一切新的探索的思想，但是它们最终都必须遵循科学本身的规则，即严格的实验验证和严密的逻辑推理。科学创新的表现形式是技术和知识产品。

2. 科学创新应遵循的基本准则

科学创新是一个社会文明水准的重要尺度，它代表着一定时期内科学文化的

---

① 丛立先. 网络版权问题研究. 武汉：武汉大学出版社，2007. 161~168

进步情况。科学创新的运行，绝不仅是纯粹的科研成果指数的增加和技术指标的上升，贯彻始终的还有其特有的德性。一是造福人类的准则。科学研究是一种客观严肃的理性研究，科研人员应该严格遵循人类社会的最高道德准则，科学把握知识的运用方向，从造福人类的原则利益出发，关心人的本身，应当始终成为一切科学技术创新的主要目标。二是合理的怀疑性准则。科学技术的发展以及一般的创新性精神活动的发展，要求科研人员在思想上不受权威和社会偏见的束缚，不受一般违背哲理的常规和习惯的束缚，坚持用经验和逻辑的标准，合理地怀疑、审查并裁决一切假说和理论，而决不盲从。三是客观性准则。科学的创新应排除利害关系的考量，即不考虑现实利益，也不受利益诱惑，研究人员要尽力排除个人的主观偏好，不要因个人利益而玷污科学的客观性。这是科研人员应有的职业操守或学术伦理。四是普遍性准则。科研人员从事科学研究、获得科学认识的重要前提之一，是承认因果联系的客观普遍性，真理面前人人平等。不应以任何非科学、非学术的价值标准作为评判真理和学术水准的尺度，不以迷信的态度对待教条、本本，衡量学术成果的唯一依据便是其内在价值。

3. 科研人员应具备的科学态度

科学创新要求价值观念和行为规范相适应。科研人员应当熟悉和掌握科学研究的行为准则，并在实际行动中自觉遵守这些规范，以对科技发展、人类、自然和社会高度负责的态度，坚持科学的理性精神，脚踏实地地探索宇宙未知世界的规律和本质，不断为人类的知识宝库增添新的财富。①科研人员最基本的责任是通过自己的创新性活动，促进科学技术的发展与进步，要忠于真理、探求真知，以知识创新和技术创新，作为科学研究的直接目标和动力，同时运用自己的专业知识、技术、经验，为促进社会安全、安宁，保护人类健康和福利，保全人类的生存环境作出贡献。②科研人员应自觉维护科学的尊严和学者的声誉，在得到社会信赖和重托的基础上，要正直、诚实地进行科学研究，并约束自己的行为，自觉遵守相关法令，保护研究对象，尽最大努力科学而客观地展示科学研究产生的智慧火花，正当地展开科学研究行为。③科研人员在日常科研活动中，应当本着科学精神，运用科学方法，最大限度地保证研究过程和研究成果的客观性与准确性，同时应以公正负责、实事求是的态度对待他人的研究成果及其所作出的贡献。④科研人员应正确对待荣誉和名利，具备甘于寂寞、淡泊名利、海纳百川的品格，以及追求真理、坚持真理的决心和勇气，不以个人的功利去判断真理，更不能歪曲真理去迎合部分人的功利。

（二）科研成果创新过程中的问题

1. 科学实验

科学实验是科学研究的基础性工作，是科研成果的检验标准。实验在自然科学研究中占据着不可替代的位置。在技术与知识的创新过程中，科研人员通过认真的调查、细致的观察及运用复杂仪器进行技术测试来不断推进研究工作，而科学严谨、忠于真理的实验态度与治学精神是科研人员进行实验操作的必备素质。所谓科学严谨、忠于真理的实验态度与治学精神，就是要求科研人员在实验中要坚持实事求是、真实客观、尊重事实、尊重科学的态度。科学实验总是在一定的理论指导下进行的，科研人员对所要研究的对象或过程，事先应当作出尽可能充分的理论分析，精心设计实验内容，完善实验程序，构思实验技术；在实验中，应严格遵守实验操作规程，运用科学的方法，完整、有序地进行操作，严肃对待实验程序的每一步骤，力求在最有利的条件下准确地获得科学事实；如果发现实验结果与理论之间存在矛盾，应充分重视，要有穷根究底的精神，直至完全获得解释。不能因为实验的结果与理论有矛盾而武断地修改实验结果，把实验的结果纳入自己既定的理论框框；对自然科学研究对象做出的判断和结论必须有足够、可靠、精确的实验数据或逻辑推理作为依据，而且能够经得起核实与验证。任何实验中的新发现，最终都必须能够被他人的重复实验所证实。能够被证实的，就是科学的；反之，就是非科学的。

2. 科研创新

创新性是科学研究最本质的特征。科学研究本身就是一种创新性的活动。科研的任务是探索自然、人类社会和思维的未知领域，发现新规律，创新新方法、新成果。没有探索性，缺乏创新性，简单重复别人做过的工作，不能算是真正的研究，更不可能把我们对未知领域的认识向前推进。在科研成果的发现与创新过程中，科研人员应当做到：①坚持求实创新。求实与创新是科技工作者的灵魂与方向，求实与创新强调科研人员应当具有严谨与踏实的工作态度，尊重科技研究规律，不趋雷同，不甘落后，敢于理性怀疑和批判，同时要有克服困难的恒心和毅力。②尊重他人的劳动成果。相互尊重是科学共同体和谐发展的基础。相互尊重强调尊重他人的著作权，通过引证承认和尊重他人的研究成果和优先权；尊重他人对自己科研假说的证实和辩驳，对他人的质疑采取开诚布公和不偏不倚的态度；要求合作者之间承担彼此尊重的义务，尊重合作者的能力、贡献和价值取向。③具有诚实守信的品质。诚实守信是保障知识可靠性的前提条件和基础，从事科学职业的人不能容忍任何不诚实的行为。科技工作者在项目设计、数据资料采集分析、科研方法选择和科研成果获得等方面，必须实事求是，避免主观随意；对研究成果中的错误和失误，应及时以适当的方式予以公开和承认。④自觉抵制科研不端行为。例如，造假即任意篡改科研数据。杜撰即凭空捏造数据或整套实验结果，以"证明"研究者的假设或理论。剽窃即把前人的研究成果或论文著作窃为己有。在研究工作中，存在其他严重偏离科学共同体内部普遍认可的规范的行为。例如，科研项目重视争取而不重视实施，科研成果重视数量而不重视质量，以不正当方法贬低他人的科学研究成果，蓄意阻碍科学研究进步的行为，等等。

3. 科研成果的形成及其验证

任何科研活动都有其目的性，或探索规律，或寻求解释，或解决问题，或提供证据，或创新方法，因此科学研究最终必须给出一个研究结果。科研成果是建立在科研人员科学劳作与辛勤耕耘基础上的，是科研人员知识和智慧的结晶，其形式通常表现为反映或代表科学发现或技术发明的科技作品或具体实物。在科研成果的创新和形成过程中，科研人员应当遵守：①研究成果应坚持和贯彻严谨的学风，朴实的文风，力求具有真知灼见，发现和创新；恪守职业道德，严格自律；要树立和坚持理性的科学精神，勇于承认研究成果中的错误和失误，正当使用学术批评权力并自觉接受他人的批评。②研究的成果结论，应能反映客观事物的本质规律，揭示客观真理，符合客观实际，经得起反复实践验证，经得起推敲和逻辑推理。判断一个研究成果的质量，最重要的是看该项结果有无学术意义或实用价值，其新颖性、先进性、难度和复杂性以及实用价值。③重大课题的科研成果往往是科研人员通力合作，协同攻关的结果。科研人员应保持谦虚的态度，客观地认识和看待个人在成果创新过程中的贡献，正确处理好与他人、集体之间的利益关系。④科研成果的知识产权仅限于对增长知识的贡献和通过评价、承认获得的优先权。一旦知识成果公之于众，便为科学共同体和社会公众所共享。

第四节　科研成果评价规范

科学研究成果产生以后要进行全面的鉴定和评判。科研成果评价是同行学者对科学研究机构或者人员的科学研究成果是否符合一定标准及符合程度展开的价值判断活动。科研成果鉴定及评价历来受到国内外科技界和全社会的广泛重视。这是因为它不仅对评价对象的学术地位、社会声望和实际利益产生重要影响，而且还关系到被评价成果的有效性、可靠性和科学性程度及其在社会、经济中的应用前景。美国科学社会学家乔纳森·科尔（Jonathan R. Cole）等指出："对杰出研究的承认是支撑整个科学社会的支柱。如果不是只奖励做得好的研究，科学就可能堕落。"① 这既表明了科学成果评价的重要性，也对评价规范和成效提出了明确的要求。科学评价规范在科研成果的评价中起着重要的调节作用。

一、科研成果的创新度

科学研究的创新性，应以知识和技术成果的产出增量即创新度为基本目标。科学研究的过程，同时也应是知识增量的生产过程。因此在科研成果的鉴定与评价中，创新度应该是衡量该成果是否具有创造性或创造性大小的主要依据。

所谓创新度，是指在原有成果的基础上发展起来的具有创新性质的增量知识和技术成果。创新度是通过科学研究（包括基础研究和应用研究）获得新的基础科学和技术知识的程度。创新度包括科学知识创新、技术特别是高技术创新和科技知识系统集成创新等。增量创新的目的是追求新发现、探索新规律、创立新学说、创造新方法、积累新知识，从而为人类认识世界、改造世界提供不竭动力。

我们所有的知识都是从以往的学术传统中生长和发展起来的，离开了学术传统就无所谓创新度的问题。离开了前人经由个人努力汇合而成的学术传统，我们就不可能有理论和技术的创新性成果。作为一个研究者，我们无论在哪个领域从事科学研究工作，都应熟知该领域的进展状况，掌握前人对这一领域的所有研究情况，熟悉人类对这一领域探索的历史。只有"站在巨人的肩膀上"，经过自己的勤奋努力，才能做出新的创造性成就，才能造就出具有创新性质的知识和技术成果。

在前人学术传统基础上的知识学习和运用，通常有以下四种途径：一是对前人的研究成果有基本了解，写出一些读书心得，这是科学研究的起点。二是把前人的所有研究成果系统地综合起来，全面地加以研究，在此基础上予以"综述"。三是不仅能对前人的工作有系统地了解，而且还能在原有的基础上有所创新。这就是我们这里所说的"创新度"。四是如果对研究的领域，有不同于前人的新发现，并能做出深入研究，取得一定进展，独树一帜，自成一家，则属于独创②。

知识和技术创新度是科学研究追求的重要目标，科学研究能否带来知识和技

① ［美］乔纳森·科尔，斯蒂芬·科尔. 科学界的社会分层. 赵佳苓，顾昕，黄邵林译. 北京：华夏出版社，1989. 25

② 徐长山，王德胜. 科学研究艺术. 北京：解放军出版社，1994. 413～415

术创新应是科研成果评价与鉴定的基本标准。基础研究和基础应用研究创新通常表现为对新的观测和实验事实的描述，如首次提出的概念和模型、首次建立的方程以及对已有的重大观测（实验）事实新的概括和新的规律的提炼等。而技术研究成果的创新则更多地体现为原创性的技术手段、技术路线、先进的技术结构功能指标以及潜在的经济效益与社会价值等。

二、科研成果的鉴定与评价规范

科研成果的评价就是对研究成果的创新度及其有效性、可靠性和科学性的判定与裁决。科研成果的鉴定与评价既是科学技术自我保护的一项重要机制，又是一项复杂的社会活动。受到内部因素和外部环境中多方面环境变量的制约，建立一套符合科学研究规律的成果评价体系是非常困难的，但十分必要。综合国内外科研成果评价制度，主要包括下述内容。

（一）科研成果鉴定与评价的一般标准

科研评价始终将质量放在第一位，鼓励和引导科研人员开展具有创新意义的科研工作。国外在建立评价指标体系时，对成果质量指标特别重视。例如，英国研究评估训练（Research Assessment Exercise，RAE）不要求科研成果的数量，只要求科研人员提供4份有代表性的科研成果。荷兰的基础科研评价指标，除了要求科研人员提供出版物列表，还要求提供5份关键出版物及其质量和声誉的指标。美国哈佛大学在人才培养中要求他们必须具有独立的思想，学校的主要努力方向就是使学生成为参与发现、解释和创造新知识或形成新思想的人。哈佛大学教授不仅要求学生论文的所有观点必须建立在扎实的文献搜集、分析和研究基础之上，而且要求作为主要依据的文献必须是规范化的学术研究的产物。我国对科研成果评价指标的设置也非常重视质量指标，2003年科技部、教育部、中国科学院等五部委联合发布的《关于改进科学技术评价工作的决定》就明确提出了"科学技术评价要将质量放在第一位"的指导思想。

坚持价值评价的标准。即科研成果的评价应综合考察科研成果的学术水平、知识创新度及其价值。由于理论成果效益的非直接性（间接性、隐蔽性和滞后性），使得对它的评价非常困难和复杂。我国自20世纪80年代末引进《科学引文索引》（SCI）等引文分析数据评价方法，为我们客观公正地评价科研活动，尤其是基础领域的科研产出提供了新的思路。SCI提供的引文分析数据作为评价学术成果的依据，具有较大的可信性和科学性，是一种比较客观、公正和定量的评价方法，也是国际上科技评估通用的方法。但是机械、片面或滥用 SCI 作为硬指标甚至唯一指标的做法，则是不科学的、不可取的。因为科研成果水平的评价，是一件非常复杂的事情。论文、论著的发表、被收录，只是反映科技成果水平及其价值的一部分指标，其真正的价值指标还应包括信息知识内容对现实社会或学术环境的影响力以及对其他研究人员的借鉴、参考与启迪作用等。同时，不同领域的科研成果，评价标准不一。高技术领域的科研成果应以经济效益为评价标准，而基础领域的理论成果应以论文质量和水平为评价标准。一个好的评价标准，必须与客观实际相结合，并在一定的范围内合理使用，才能更好地为科技人员提供服务，为科学技术的健康发展服务。这就是我们这里所说的坚持价值评价标准的内涵所在。当前，我国的许多科研单位、科研管理部门对此已经作出了很大努力，正朝着这一趋势发展。

坚持科学发展的标准。包括两个相互联系的方面：评价体系、程序、方法要科学、公正、有效，成果评价及其标准本身要不断地发展。科学的评价程序和方法规范的目的，在于保证成果评价的客观性、正义性，防止学术腐败。"正义是社会制度的首要价值，正如真理是思想体系的首要价值一样。"① 一个精心设计的科学评价制度所具备的基本特点，应该是成果评价的过程、结果与评价目的相一致。科研成果的价值是在人类社会与科研成果间构成的，人类社会的需要和科研成果的不断发展决定了它们之间价值关系的不断发展。反映人类社会的客观需要的科研成果评价及其标准也要适应这种发展形势，必须随着实践的发展而发展。成果评价不仅要指出已有的事实结果及造成这些结果好坏的原因，更重要的是，还应站在已有科技成果的基础之上，发挥预见未来、指导实践的作用。否则，成果评价就无异于科学认识，就失去了它的特殊意义。

（二）科研成果鉴定与评价的程序规范

程序正义是法治社会的根本标志。在成果评价中，为了保证评价工作和评价结果的客观性、公正性，成果鉴定与评价程序应遵循下述规范：

评价机构的独立、中立制度。成果鉴定与评价的公正性来源于评价机构的独立性或中立性，即不受任何非学术因素干扰，包括行政干预、评价对象或利益集团的劫持等。例如，美国大学聘用科研人员时，设立专门的招聘委员会，招聘委员会保持工作上的独立性，基本上由校内同行与校外专家组成，并且行政人员不得入选。积极发展符合要求的第三方科技中介评价机构。这类组织应同时具备以

---

① ［美］约翰·罗尔斯. 正义论. 何怀宏，何包钢，廖申白译. 北京：中国社会科学出版社，1988.1

下要素：第一，保持中立、客观，是不以营利为目的非营利组织；第二，法律上应该具有法人资格，能够独立地承担法律责任；第三，具有学术或行业权威性，在业内具有一定权威性和认同度。中介性评估机构由于能够站在比较公正客观的角度，以中立的立场对评价对象做出实事求是的评价，有利于提高成果评价的独立性、公正性和有效性。

评价信息的公开透明制度。包括评价标准和程序规则、评议专家的选择、评审的表决程序以及评价结果等应当公开透明。评价机构和评审专家在评价过程中，应严格遵守评价标准，规范评价行为。在评委选择方面，应组织研究领域相同或相近的专家评审，建立评审专家库、随机遴选制度以及专家组定期轮换制度；建立利害关系人回避制度和评议专家信誉制度，一般科研成果的评估，可采用匿名专家的方式；重大成果的评估应公开评审专家名单，以增强评价专家的荣誉感和责任感。在评审的表决程序方面，通过差额投票、记名投票、计票监督等规则的设立，进一步提高表决的透明度。评审会议应有完整的会议记录，使专家意见和决策的过程有可追溯性。评价结果在评审结束后，应当及时公布并规定异议期，对评价中的违规行为予以及时披露。不断扩大评议活动的公开化程度和被评审人的知情范围，杜绝不正之风和非学术因素的干扰。

评价过程和结果的监督检验制度。建立评价工作的公示制、公开答辩制、评审责任追究制等，加强对评价过程和结果的监督。建立科学道德和科研真实性稽查机构，听取评价工作汇报，受理程序举报和投诉，并对举报和投诉进行调查处理。建立学术信用管理制度和学术失范惩戒制度，加大不守信用者的违规成本，对违反学术道德者，一经查实要严肃处理，触犯法律的应追究其相应的法律责任。例如，瑞典、美国都非常重视对学术造假者的法律制裁。瑞典斯德哥尔摩大学的博士生手册特别告诫：任何形式的欺骗行为都有可能导致被赶出学校和承担法律责任的严重后果。在美国，各大学一般都会将学术诚信条例、荣誉守则等规范放到本校主页上公布，以便教师和学生随时查阅。学校还成立了专门接受和处理学术不正当行为举报的办公室，负责接受对科研不端行为的举报，组织和协调调查处理工作。

（三）不同形式科研成果鉴定与评价的内容规范

成果评价的核心是确定科学的评价指标和评价内容。在进行各类项目鉴定、机构评估、出版物或研究报告的评议、新技术和新发明的评价、奖项评定等时，除遵循上述评价标准和程序规范外，还应建立科学合理、公开公正、适合不同成果特点的评价指标内容规范，这对评议专家科学理解和把握科研成果客观属性的评价，进而对科研成果的学术价值、技术水平、经济/社会效益、学术意义作出准确、客观、公正的认定与判断有着重要意义。根据科研成果评价的目的和功能，可分为文稿评价、绩效评价和奖励评价三种形式，不同形式的成果评价侧重点有所不同。

文稿评价是对在科学研究活动中以科学研究论文、教材、专著，或以研究报告、实验报告等形式出现的文稿类成果进行的评价活动。文稿评价的内容一般主要包括：选题要新颖，具有开拓性和学术前沿性，并且立足于社会实际、学术领域中需要解决的现实和理论问题；假说、观点或论点明确、独到，论据充分、可靠，论证有力，逻辑性强；研究方法要科学合理，在前人的基础上力求有创新、突破、改进、应用之处，实验测量中做到无缺陷或人为因素，选择数据具有代表性；形式要符合科研活动的规范要求，篇章结构条理清楚，文字表达简洁精练，用词专业流畅，图表使用科学规范，参考文献的引用正确无误；文稿的公开和传播在社会现实中或者学术共同体中具有积极的反响和效果，具有较高的学术意义或应用价值。

绩效评价是评议机构对科研机构或科研人员实施科研计划项目的预期目标完成情况、项目总体运行情况以及项目成果价值等方面进行的评价活动。科研成果绩效评价通常包括以下内容：基础性科研成果的绩效评价依据主要是学术成果的水平、科学意义和研究效率，比如重要论文的学术影响、申报专利被授予级别及获得影响、被表彰和学术界的评价、人才培养与学科建设情况、项目成果对科技进步的贡献以及项目成果对相关研究的持续性影响等；应用性技术成果的绩效评价依据是成果的技术先进性、经济合理性、生产实用性及其稳定程度，比如成果达到突破创新、局部创新或是局部改进、技术的成熟程度及对区域科技进步的贡献大小、技术转化成果在同行业的竞争力、技术创新成果转化的直接和间接经济贡献、专利状态与转化能力、技术成果运用的应用前景及社会价值等；软科学成果的绩效评价依据主要是成果的内在质量和外在价值，比如成果的科学价值和意义、观点、方法和理论的创新度和水平、研究难度和复杂性、成果应用于实际后带来的经济和社会效益等。

科技奖励是由评议机构和科技同行控制的对科研人员科研成果创新度及水平贡献的一种评价和承认方式。对科技成果的评价则是科技奖励的关键过程。奖励评价不同于一般科技成果评价，它是选拔性和代表性评价。这类评价的显著特征是，在对科技成果进行绩效评价的基础上，还必须对参评的评价对象进行优劣性分级，甚至进行完全排序。因此确立一个科学的、具有可操作性的奖励评价标准作为评价依据，难度更大、更为复杂。一般通行的做法是，以科技成果的绩效评价为基础，根据反映科技成果的价值评价因素在不同类科技项目中的重要性程度不同，在具体奖励评审过程中，结合科技项目分类的实际，赋予各个评审因素不同的权重值。在评价因素确定后，选择与评价因素相对应的评价水平。只有通过同一评价因素下的不同评价水平，才能反映出不同科技项目的合理等级，从而于细微之处拉开差距，最终达到科技奖励的目的。

三、同行评议规范

（一）同行评议的概念

同行评议（peer review）是国际学术界通用的鉴定同行学术水准的评价手段，公正高效的同行评议是保证科学质量的基础。同行评议又称专家评审，是指由被评议领域或邻近被评议领域的科学家以各种有效的方式对科学研究成果的价值进行评价。同行评议是用于评价科学工作的一种组织方法，英国苏塞克斯大学科技政策研究所 Gibbons 和曼彻斯特大学科技政策研究所 Georghiou 指出，它"是由该领域的科学家或邻近领域的科学家以提问的方式评价本领域研究工作科学价值的代名词。进行同行评议的前提是，在科学工作的某一方面（如质量）体现专家决策的能力，而参与决策的专家必须对该领域发展状况、研究活动程序及研究人员有足够了解"[①]。

同行评议对科研成果的鉴定与评价具有重要的调控功能，主要体现在：第一，同行评议是一种群体决策的形式。同行评议是由一个专家群体共同对某一成果做出评价。从决策学角度看，同行评议不是个人决策，而是群体决策（或民主决策），因而评价结构具有一定的合理性和公正性。第二，同行评议中的"同行"是一个科学共同体。在科学社会学中，科学共同体是指由遵循某一范式、从事科学研究的科学家组成的群体。通常，一个科学共同体由一种范式所支配。范式由一种业已确定且进行综合了的理论体系、与此理论体系相联系的专业技能和"解题方式"以及科学共同体成员的共同信念和准则等组成。同行评议就是要通过科学共同体的严格审查，加强对科研成果的社会控制，保证其有效性、可靠性和科学性，同时防止伪劣的知识和技术产品流入社会。

由于同行评议的特殊地位，开展科学、公正、有效的同行评议活动对于科学事业的健康发展有着十分重要的意义。

---

① 吴述尧. 科学进步和同行评议. 科技导报，1997，（4）

（二）同行评议的类型及规范

同行评议通常有许多不同的类型。从评价实施的角度上划分，有会议评议、通信评议、调查评议等类型。会议评议就是专家组召开评议鉴定会，通过讨论和交流，形成集体评审意见。通信评议是指评价机构把评估材料寄送给评议专家，专家独立作出书面判断，然后将评议意见反馈给评价机构。调查评议是指在评价机构和评审专家对评价对象情况不太了解且相关材料缺乏或者有关数据需要调查（试验）取得的情况下，组织专家进行现场调查（试验）、了解，然后给出评价意见。不同类型的同行评议，由于组织形式的不同，在程序、内容及道德规范要求方面侧重点也不完全相同。评议专家除了应遵守上述总体的原则性规范外，还有责任和义务根据不同类型同行评议的规范要求，对评审对象做出客观、准确和公正的评价。

会议评议中，专家共同体应当对科技成果的科学价值、技术水平、学术水平、技术成熟程度、经济合理性进行科学的审查和评议。主审专家在评审中要充分发扬民主，不以学术权威自居，严格按少数服从多数的原则通过鉴定评议结论，并将此作为专家委员会的鉴定意见；参加评议的专家要积极维护评议的客观性、公正性，始终坚持科学性的原则，要敢于大胆地陈述自己对评议对象的意见和看法；专家对同行评议意见进行汇总时，需要结合同行评议专家各方面评议的整体情况，对评议意见进行有效的分析汇总，实现价值评议，要防止评议汇总的偏向性、选择性。专家评议的结果意见不一致，且分歧较大的，应选择同行专家进行重新评议，只有在得出恰当评议的基础上才能对成果作出恰当的处理。

参加通讯评议工作的专家应坚持"公正、公平"的原则，认真负责地对待每份评审材料。在评审单位规定的时间内，严格按照要求努力完成评议工作。如果预期不能在评议的最后期限内完成，评议专家应该拒绝任务或者寻求可以协调解决的办法，不能无理由、无限期地拖延从而影响整个评议活动和被评议人的利益。评审中评议专家不得主动与评议对象接触，或进行其他有碍公正评议的行为，不得让自己的学生或他人代替自己进行评议工作。适应形势的发展，逐步建立和完善专家网络评议形式。在建立和完善电子评议的形式中，应注意做好信息安全和保密工作。

评审中评审专家认为确有必要时，可以现场调查（试验）的方式进行鉴定。参加评议的专家要自觉遵守国家法律、法规和职业道德规范，坚持廉洁自律，严格执行利益回避制度，坚决杜绝以评谋私行为的发生。评议结果和评议行为应接受学术共同体和社会的监督，能够经得起时间和实践的检验。

第五节　科研成果写作与发表规范

无论是科学研究、科学计划，还是科学项目，都是以科研成果以及知识的公开发表为目标的。科研成果的出版和传播也是科研人员赢得声誉、获得地位的重要前提条件。只有科研成果在发表传播之后，科研人员的劳动价值才会体现出来，个人的价值才会被社会所接受和认可。科研成果的发表和传播同时也推动着科学技术和社会经济的进步与发展，应遵循相应的规范。

一、科研论著的写作规范

科研论著是科研成果的常见形式。科研论著是科研工作者对创造性研究成果进行理论分析和科学总结，并得以公开发表或通过答辩的科技写作文体。科研论著包括学术论文、学位论文、研究报告、专著、工具书等学术成果。科研论著载体不同，撰写的特点、内容、形式不同，撰写的具体要求也有所差别。但总体而言，一篇符合标准规范的科研论著，至少应具备这些要素：题目、摘要、关键词、正文、参考文献和注释、署名和致谢等①。

（一）题目

科研论著的题目是对其主要内容和中心思想的高度概括，是以最恰当、最简明的词语来反映论文中最重要的特定内容的逻辑组合。文章题目十分重要，是一本著作或一篇论文给出的所做研究工作的第一个重要信息，是读者认识全部论著的窗口，也是对论著主要内容和中心思想的高度概括②。因此，选好科研论著的题目十分重要。

（1）题目要准确。科研论著的题目要准确的反映论文的主要内容，其外延和内涵要恰如其分。在科研写作中常常会出现文题笼统，题不扣文。写一个很大的题目，其具体内容却没有那么多信息，从而造成文题不符，或华而不实，冗长繁琐，不符合规范要求。

（2）题目要精练。科研论著的题目要求简明扼要、文字简练。若对特定内容描述过多，造成题目过长不易认读。使用非公知公认的缩略词或字符代号，也会造成阅读困难。

---

① 叶继元. 学术规范通论. 上海：华东师范大学出版社，2005. 117
② 叶继元. 学术规范通论. 上海：华东师范大学出版社，2005. 118

（3）题目要醒目。科研论著的题目不仅要准确得体、简短精练，而且要醒目，对读者具有吸引力。读者一看到题目就对该文章表现出浓厚的兴趣，这样会有利于文章的发表与传播。

此外，需要注意的是，题目要使用能充分反映论文主题内容的短语，一般不超过20个字，不使用具有主、谓、宾结构的完整语句，切忌在题目中故意拔高或将结果扩大化。

（二）摘要

摘要又称概要、内容提要，它是以提供文献内容梗概为目的，不加评论和补充解释，简明、确切地记述文献重要内容的短文。其基本要素包括研究目的、方法、结果和结论等。具体来说，摘要的主要内容包括：研究的主要对象和范围，采用的手段和方法，得出的结果和重要结论，有时也包括具有情报价值的其他重要的信息。

在摘要写作中，应当注意：一是摘要应着重反映研究中的创新内容和作者的独到观点，应排除本学科领域已成为常识的内容，切忌把应在引言中出现的内容写入摘要，一般也不要对论文内容作诠释和评论（尤其是自我评价），不得简单重复题目中已有的信息。二是摘要应结构严谨、表达简明、语义确切、逻辑顺序合理，文字应简明扼要，内容应充分概括。摘要的篇幅一般限制字数不超过论文字数的5%。硕士学位论文的摘要一般为500~600字，博士学位论文的摘要一般为1500字左右。供期刊发表的学术论文的摘要一般以200~300字为宜，英文摘要不宜超过250个实词。三是摘要用词要规范，而且应避免复杂的公式、结构式和非通用的符号、缩略词、生偏词等。新术语或尚无合适的中文术语可用原文或译出后加括号注明原文，缩略语、代号在首次出现处须加以说明。四是摘要中一般使用第三人称[①]。研究类文章应有摘要，国内外公开发行的期刊还应有外文（一般用英文）摘要。

摘要编写中，通常出现的主要问题有：要素不全，或缺目的，或缺方法；出现引文，无独立性与自明性；冗长啰嗦，摘而不要等。科研人员在写作中应注意避免。

（三）关键词

关键词是为了满足文献标引或检索工作的需要而从论文中萃取出的、表示全

---

① 陈国剑. 科技论文著编规范. 开封：河南大学出版社，2006.56~58

文主题内容信息条目的单词、词组或术语。关键词是科技论著的文献检索标志，是表达文献主题概念的自然语言词汇①。

关键词通常包括主题词和自由词两个部分。主题词是专门为文献的标引或检索而从自然语言的主要词汇中挑选出来并加以规范化了的词或词组；自由词则是未规范化的即还未收入主题词表中的词或词组。

每篇论文中一般应列出 3~8 个关键词，它们应能反映论文的主题内容。其中，主题词应尽可能多一些。它们可以从综合性主题词表（如《汉语主题词表》）和专业性主题词表（如 NASA 词表、INIS 词表、TEST 词表、MESH 词表等）中选取。那些确能反映论文的主题内容但主题词表还未收入的词或词组可以作为自由词列出，以补充关键词的不足，更好地表达论文的主题内容。

关键词一般应列于摘要段之后。撰写有英文摘要的科研论文，还应列出与中文对应的英文关键词②。

（四）正文

正文是论著的本论，属于论著的主体，它占据论著的最大篇幅。论著所体现的创造性工作或新的研究结果，都将在这一部分得到充分反映。因此，要求这一部分内容充实，论据充分、可靠，论证有力，主题明确。

论著的主体内容应体现：①基础性。科研论著应实事求是地提供有关课题的学术背景、前沿研究动态及对自己研究成果的评价。②具体性。科研论著应研究具有学术价值与有一定专业难度、主题明确、目的具体的课题，具有一定的专业性。③创新性。它是指科研论著应在观点、见解、资料、论证、角度、方法等方面，必须有所创新。在理论上，科研论著必须提出新的理论或新的学说，有新的突破和新的创见；在学科建设上，科研论著在某一方面或某个领域做出一定的建树和一定的贡献；在研究方法上，科研论著必须有所创新，做出新的突破，对某个学科问题做出推进性解决。学术创新或理论创新是评价科研论著的核心指标。④完整性。科研论著在内容上应提供某个主题全面、系统的论述，做到知识结构系统、逻辑严密、理论前提科学；语言精练、概念明确、重点突出、引证规范；在形式上除正文部分外，还应当提供引文注释、参考文献、主题、人名等索引③。

对正文部分的写作要求是：明晰、准确、完备、简洁。具体而言，包括下述

---

① 杜土国等. 谈科技论文中关键词的标引. 武汉水利电力大学学报，2000，（6）
② 李兴昌. 科技论文的规范表达：写作与编辑. 北京：清华大学出版社，1995. 31
③ 叶继元. 学术规范通论. 上海：华东师范大学出版社，2005. 114~116

内容：论点明确，论据充分，论证合理；事实准确，数据准确，计算准确，语言准确；内容丰富，文字简练，避免重复、繁琐；条理清楚，逻辑性强，表达形式要与内容相适应；不泄密，对需保密的资料应作技术处理①。

二、科研论著的引证和标注规范

（一）参考文献和注释

参考文献（又称引文）和注释对于科研论著具有重要的意义。完整、规范的参考文献和注释能使论著显得更具有科学性、客观性，为论著更添一份可信度，同时也有利于大型数据库的建立以及对文献数据进行交换、处理、检索、评价和利用。

科学研究应精确、有据、创新和积累。而其中的精确、有据和积累需要建立在正确对待前人学术成果的基础上。作为一名科研人员，在科研论著的写作中，应当尊重他人的科研成果，遵守学术引文规范。第一，凡引用他人已经发表或未发表的成果、数据、图表、观点等，均应明确注明出处。引用未公开发表的数据、观点等，应征得成果所属者本人同意，并注明出处。第二，引用的目的是对论著的进一步说明和佐证，使得学术研究更为清晰和更有深度。引用要有的放矢，提倡有效引用，降低无效引用，避免引用的庸俗化和简单化，不能搞形式上的引用。第三，引用他人的数据、观点以必要、适当为限，力求完整、准确，不能改变或歪曲被引内容的原意。提倡原引，即标明文献的原始出处；如属转引，应标明转引的文献。第四，引用必须以注释形式标注真实出处，并提供与所引用的成果、数据、图表、观点等文献相关的准确信息。

在引用时，应该注意以下几个方面：①不能引而不用。引文应是作者阅读过、且对自己研究的观点、材料、论据、统计数字等有启发和帮助的文献，不能引用无实质性内容的、不可靠的文献资料。②不能用而不引。不能引用他人的相关研究文献内容而不注明出处，也不能将他人研究改头换面或者用自己的语言转述后当作自己的论述而不注明出处。③不能过度引用。引用时应科学处理、合理使用引文，引用的部分不能为被引用人论著的主要部分或实质部分，过度引用会使得自身的论著失去独立存在的价值。④不能不当自引或团体自引。不能单纯为提高自己文章被引用次数而自引，也不能在团体之间进行以提高彼此引用率为目的的相互引用。⑤不能引而不实。不能未加核实或评估而随意引用他人的观点、

---

① 李兴昌．科技论文的规范表达：写作与编辑．北京：清华大学出版社，1995.46

材料、论据等文献，导致错引、漏引；不能将他人的成果改头换面当做自己的成果而不注明出处。

（二）署名

在期刊论文或论著上署名能表明署名者的身份，即拥有著作权，并表示承担相应的义务，对论文或论著负责。作者署名应坚持实事求是的态度，不应借用名家之名或"搭车"署名。

论文或论著作者一般指下列人员：参与选题、设计和执行者，或参与资料的收集分析及统计处理者；起草或修改论文或论著中关键性理论或其他主要内容者；对论文或论著主要内容能承担全部责任，并能给予全面解释和答辩者；课题的提出者及设计者。仅参与获得资金或收集资料者不能列为作者，仅对科研小组进行一般管理者也不宜列为作者。其他对该研究有贡献者应列入致谢部分[1]。

作者署名主要按作者（或单位名称）在研究中的作用、贡献以及所能承担的责任依次写明姓名和所在单位。通常第一作者应是研究工作的主要设计、执行及论文或论著的主要撰写人。通讯作者应是参与论文研究和写作并能够承担对稿件负全部责任的作者。团体作者应该署团体名，且应该署执笔者姓名。署名一般应该用真实姓名和工作单位，以示文责自负，署笔名时不能冒用名人之名。研究生在导师指导下完成的学术论文，论文完成后应交由导师审阅签字确认，署名时研究生应为第一作者，导师为通讯作者。导师作者中如有外籍作者，应征得本人同意，并有证明信。

在论著的署名中，作者应正确使用"著"、"编著"、"编"的用法。"著"通常指撰述、写作或创作，主要指作者依据本人学习研究的成果所写成的各类学术论文或著作。"编著"是指作者依据已有的材料，通过作者的选择和加工所写成的论著。"编"则是指那些把他人的文章或素材收集予以编排或汇编，如资料工具书、文件汇编及论文选编等属于此类。

（三）致谢

致谢是对在课题研究和论文写作中给以切实指导和帮助的老师、同志表示感谢，这既是一个科研工作者的学术道德，也是应有的文明礼貌。致谢一般放在全

---

[1]　Chen Xi. 署名混乱，自然科学界不能接受. http://www. people. com. cn/GB/guandian/30/20030311/940891. html. 2003 – 03 – 11

文之后，参考文献之前，另起一行，加括号。致谢应该遵守以下规范和要求：①应致谢对研究或论文提出过建议和帮助的个人和机构；②应指出被致谢者的工作内容和贡献；③致谢前应征得被致谢者的同意①。

三、科研成果的发表与传播规范

（一）投稿与发表

科学研究、科研项目都是以研究成果或论著的公开发表为目标的。未能公开发表的研究成果是很难获得科学共同体认可的。因此，投稿和发表在科研人员的工作中占据很重要的位置，也是科学交流和讨论、科研成果推广与应用的基础。

论文写好后，要确定向何种期刊投递，不同的期刊对稿件的要求是不一样的。科研人员应当及时了解国内外相关期刊的有关投稿和发表方面的规定，并根据自己所掌握的信息，判断论文稿件是否适合该期刊的要求，是否符合该期刊关于论文稿约和撰写的规范，然后再行决定是否投稿。对于专著，特别是集体合作完成的大型专著，必须事先联系好出版单位。必要时，在组稿过程中，就应当事先邀请该书的责任编辑和出版社负责人参与。对于大型的辞书、工具书更应如此，必须慎重进行。

科研人员在投稿时除了遵循期刊或出版社的一般性的规范要求以外，还应当遵守以下诚信规范：一是保证所投稿件的唯一性，没有一稿二投或多投的行为，超过稿件发出期限的例外。二是保证所投稿件版权的独立性，无抄袭、署名排序无争议，并且是未在其他媒体上公开发表过的内容。三是保证所投稿件内容的安全性，其中不得出现任何危害国家安全、泄露国家秘密、损害国家荣誉和利益，以及其他法律规章不允许的内容和行为。四是保证科研成果的真实可靠性和所投稿件的质量，不能将同一项成果以各种名义和形式反复投稿；将很好的内容拆分投稿，片面追求论文数量的增加；为了追求优先权的获得，不负责任地将明显不成熟的成果予以投稿；或以不正当手段抢先公布。科研人员投稿应当遵循学术规范，不能为了个人或团体利益，破坏扎实研究、潜心治学的学术环境。

---

①　叶继元. 学术规范通论. 上海：华东师范大学出版社，2005. 205～207

（二）学术争鸣

学术争鸣是学术研究的一个重要组成部分，具有学术性和理论研究性。学术争鸣的主体处于被动地位。争鸣的展开必须是对已公开的学术成果的评论，而且评论的结果只是对已有成果的推介、评论或批评，使已有成果得到升华和提高。学术争鸣应坚持和贯彻"百家争鸣，百花齐放"的方针，以促进学术发展为目的①。

学术争鸣要求实。实事求是不仅是健康的学术评论的基础，而且也是其生命力之所在。依据该原则，争鸣者应当遵循以下规范：学术争鸣必须尊重原意，忠于原文，要使自己的理解符合原论著的精神，不能歪曲，不能断章取义，更不能移花接木；要通过争鸣者的洞察、选择和分析能力，充分发掘原论著的真实价值，阐发原论著的内在精华，使原论著通过学术争鸣激发人们对科学追求的兴趣与热情；在对被评论对象的事实判断上，争鸣者应当以实事求是的态度而不是以个人的好恶进行评价，防止武断或缺乏根据的揣测；学术争鸣是一种科学探索活动，要坚持追求真理，争鸣要对真理负责，既要充分肯定原论著中的真理成分，又有责任对原论著中的非真理部分提出批评。

学术争鸣要民主。民主、平等是学术争鸣的重要法则，真正的学术对话应该是在民主与平等的前提下，争鸣双方抱着真诚、善意、谦虚的态度，在彼此尊重的气氛中来阐明自己的观点。这不仅有利于交流思想，而且也有利于在共同前进的道路上得到相互信任和谅解。学术争鸣并非是一种简单的学术揭短行为，并非仅仅是挑剔别人的毛病，而是要通过深入的论争来洞察真相，验证学识，辨析学理。必须以平等相待的态度、充分的学术说理性来讨论问题，言之有理、持之有故、谦虚谨慎、从善如流、兼采众长。学术争鸣坚持真理面前人人平等，要尊重学术自由，发扬学术民主，提倡理性质疑，不受地位影响，不受利益干扰，不受行政干预。在争鸣中，应允许他人对自己的观点提出不同意见。理解、宽容并尊重他人提出的不同学术观点，在明辨是非和不断深化认识中逼近真理。

学术争鸣要理性。争鸣者必须对原作品进行全面考虑，清楚把握原作品的内在联系，在全面分析的基础上认真提炼学术争鸣的论点，不能只顾一点而不顾及其余；学术争鸣本身也是个有机的整体，也不能彼此之间各自孤立、互不关联。因此争鸣者应当认真学习原论著，在进行学术争鸣前做好充分的准备工作，谨慎

① 浦兴祖. 重视研究价值倡导学术争鸣. 浙江学刊，2002，（1）

从事，全面考虑学术争鸣的必要性和可能性，只有当两者兼备时才能开展学术评论。在争鸣中应当认真对待，深入研究，不能急功近利、草率从事。在争鸣者对争鸣对象的态度上，必须明确是对学术的争鸣，尽可能对文不对人，即使文中涉及一些不得不针对原作者的研究思想等评论时，也不应出现过激的言辞，更不能出现人身攻击或恶意中伤的行为。

第三章　科研活动中的不端行为

长期以来，人们一直相信科学活动是一项追求真理的活动，科学家也是天生诚实的人，他们"对真理都有一种献身精神，并使科学保持纯洁无瑕"①。默顿曾将近代科学的精神气质归结为一组具有内在结构的道德规范，即普遍主义（universal-ism），公有主义（communism），无私利性（disinterestedness），有条理的怀疑主义（organized skepticism）等。正是由于这些规范的内化才形成了科学家的内在品质和超我意识，从而保证了科学目标的实现。然而自近代以来，科学的建制化以及科学工作者的职业化过程，伴随着经济利益、名誉地位、政治因素等对科学活动的影响和渗透，科研活动中的道德问题开始受到社会的关注与重视，正如中国科学院院长路甬祥所指出的："由于市场经济大潮的冲击，科技体制、法律法规、制度措施还不够健全等原因，在极大多数科学家恪守科学道德与良好学风的同时，科技界的确也面临着不端行为、学术失范和学风浮躁的严峻挑战。"②

20世纪80年代以来，随着学术界一些"丑闻"的不断披露，美国等西方国家开始对科研活动中不端行为进行系统的反思和研究。美国公共卫生局于1986年首次发布了科研不端行为的临时定义。在1989年该局的正式定义中，科学不端行为被界定为：在计划、实施或报告研究时发生的捏造、篡改、剽窃行为，或严重背离科学共同体公认规则的其他行为。2000年12月6日，美国科学技术政策办公室正式颁布了科研不端行为的定义，它主要指在计划、实施或评议研究项目，或在报告研究结果时发生的捏造、篡改或剽窃行为。捏造是指伪造数据或结果并记录或报告它们。篡改指伪造研究原料、设备或程序，或改变、删除数据或结果，致使在研究记录中，没有正确地描述研究。剽窃是指把他人的观点、程序、结果或话语据为己有，而没有给予他人适当的荣誉。同时该定义还对不端行为的调查结论做了规定。德国马普学会（Max Planck Society）在2000年11月修订的《认定科研不端行为的规则与程序》中，把不端行为分为多类，即故意虚假陈述，侵害他人知识产权，破坏他人研究工作，联合作伪以及其他具体情况。2007年，在《中国科学院关于加强科研行为规范建设的意见》中，将科学（科研）不端行为概括为六个方面：在研究和学术领域内有意做出虚假陈述；损害他人著作权；违反职业道德，利用他人重要的学术认识、假设、学说或者研究计

① 李红芳. 近年科学越轨问题研究评述. 科技导报, 2000, (3): 16
② 齐芳. 建设创新型国家必须加强科学建设. 光明日报, 2006-06-02

划；研究成果发表或出版中的不端行为；故意干扰或妨碍他人的研究活动；在科研活动过程中违背社会道德。从科研活动不端行为定义的演进我们可以看出，对科研活动不端行为的理解随着时间的推移而拓展，呈现出逐渐细化以及分阶段化的特征。下面我们将按科研活动的一般程式，即科研成果从立项申请，实施研究，成果形成，同行审查再到公开发表的时序，对科学界公认的典型不端行为的类型与特征予以探讨。

第一节　科研项目申请阶段的不端行为

20 世纪以来，随着科学活动在社会发展过程中的作用逐渐增强，以课题或项目为核心的科研模式逐渐成为当今科学研究的主流，各级政府和组织对于科研项目的设立以及资本的投入均呈现高速增长的趋势。科研项目的数量多寡、层次高低、经费多少不仅成为科研机构和人员科研实力、科研水平的重要标志，而且也成为是否能进一步获得学术竞争性资源的重要依据。伴随着学术资源的激烈竞争，在项目申请过程中的不端行为也逐渐增多。这一阶段的不端行为主要是指在科学研究申请立项的过程中，没有真实反映申请者或申请项目的实际情况，存在通过弄虚作假等手段获得科研立项的行为。

一、夸大科研项目的理论意义和实用价值

爱因斯坦指出："提出一个问题往往比解决一个问题更重要，因为解决一个问题也许仅仅是一个数学上或实验上的技能而已。而提出新的问题、新的可能性、以新的角度去看旧的问题，却需要创造性的想象力，而且标志着科学的真正进步。"[1] 由此可见，选择课题、确定主攻方向是科学研究中具有战略意义的首要问题。因此，在项目的申请阶段，首先要阐述的就是项目的意义和价值。

科研项目的意义主要表现在对原始资料、科学实验、科学观念和科学理论等方面是否有新的发现或新的突破，社会价值则主要表现为科研成果对社会进步和社会文明的影响。当然，由于价值观的多元化，所以对科研项目的意义和价值判断必须遵守共同的"约定"。于是，学术界约定科研价值由科学共同体予以评价和确认，而社会价值则决定于社会成员的共识。例如，牛顿力学、热力学和电磁场理论的创立，不但标志着经典物理学发展到了顶峰，而且还导致了产业革命和社会变革，理论意义和社会价值非常突出；同样，相对论和量子力学的创立不但

---

① ［美］A. 爱因斯坦，L. 英费尔德. 物理学的进化. 周肇威译. 上海：上海科学技术出版社，1962. 66

为当今高新科技的发展提供了理论基础，而且对社会文明和人们的思想观念、行为方式和生活方式产生了深远的影响。

科研项目选题过程就是科研工作者主观和客观相互结合、相互统一的过程。对项目的意义和价值的评价如何做到"量体裁衣"、"量力而行"是十分重要的，它彰显出科研工作者实事求是的态度。一般而言评价的基础有两个方面，一方面就是依据"量体"和"量力"，即先要搞清楚自己的主观条件，比如能力、专长、兴趣以及自己的健康状况等；另一方面就是"裁衣"和"而行"，即根据主观条件实事求是地确定自己的研究方向和研究课题。在此基础上，对项目可能具有的意义和价值进行正确地评价。不恰当地过高评价，或者不顾实际条件冒险宣扬力不能及的社会价值，结果都会因好大喜功和条件不具备而适得其反①。

现在学术界对科研不端行为关注的重点往往是科研成果的获取阶段和论文的发表阶段，对科研活动的源头即项目申请阶段的不端行为关注较少，就国外关于科研活动不端行为的定义来看，甚至还没有给科研项目申请阶段的不端行为一个适当的位置。而在具体的立项评审过程中，对项目申请材料中研究内容和方案关注较多，对项目的意义和价值等自我评价关注相对较少，导致故意夸大项目学术价值与预期经济效益的情况越来越多。在2006年初披露的"汉芯"造假事件中，陈某蒙骗科技部，用所谓的"汉芯系列DSP"申报了国家某计划项目，蒙骗总装备部，申报了武器装备技术创新项目，在其项目申报材料上竟然写道："两年跨越二十年，汉芯DSP将取代美国TI公司的高端DSP。"② 后来的调查表明，"汉芯"只是一场彻头彻尾的骗局。对某省一所普通本科院校的调研显示，在随机抽取的2008年度已经立项的科研项目申请书中，在科研项目的理论意义和实用价值的描述上，用了"十分重要"字眼的占55%，"极为重要"占30%，"必不可少"占了15%，没有做到实事求是地进行自我评价。假如一个省属普通本科院校为期一年的科研项目可以做出理论和社会价值上"十分重要"、"极为重要"、"必不可少"的科研成果，那么整个中国的科研成果将不可想象。而项目的评审者在审查过程中也未能严格地对项目申请书所凸显的项目意义和价值做出恰当中肯的评价，导致申请者对项目的意义和价值的夸大呈现出愈演愈烈的趋势。

项目的申请阶段是科学研究的开端，项目的意义和价值是随后整个科研活动的意义和价值所在。假如科研工作者不能以正确的态度实事求是地对自己将要进行的科研活动进行评价，那么，如何保证其在随后的科研活动中不会有不端行为？同时这些项目的立项，还会给未来的科研工作者提供一个参照，产生更多的

---

① 阎康年. 从卡文迪什实验室经验谈怎样研究课题. 物理，1996，(6)：378

② 冯雪. 2006中国十大科技骗局："汉芯一号"中国造. http://www.kpcn.org/news/Read.asp? News-ID=9440&kpcn=.7055475，2007-02-05

负面影响。

二、隐匿或忽视科研项目实施后可能存在的负面影响

隐匿或忽视科研项目主要是指研究者在明知所从事的项目可能对其他国家或利益群体甚至人类的生存产生不良影响的情况下，未经充分论证或未履行告知义务，进行立项研究的行为。美国、挪威等国甚至已开始关注研究者虽没有主观故意但可能造成较大负面影响的科学研究活动，并力图将其纳入科学不端行为的范畴，因为这实际是一种社会责任缺失的表现。长期以来，人们普遍认为，科学作为知识仅仅是观念形态的存在，它只有转化为现实存在时才能产生直接的后果和作用，才能谈得上是否有负面影响。然而伴随着科学技术社会功能的逐渐强大和社会渗透的日益广泛，科学活动的现实性、物质性作用已经成为本质性的和不可消除的。1955 年 7 月 15 日，包括玻恩、海森堡和居里夫人在内的 52 位诺贝尔奖获得者在《迈瑙宣言》中针对科学技术的社会价值反思说："我们愉快地贡献我们的一切为科学服务。我们相信科学是通向人类幸福之路。但是，我们怀着惊恐的心情看到：也正是这个科学向人类提供了自杀的手段。"① 大科学时代的科技工作者不能只关心自己的经济利益以及研究旨趣，更要关心科学技术的社会功能和社会影响。如果科研工作者或科研项目的管理人员出于个人利益等因素的考虑，在科研的过程中无视或隐匿项目可能存在的对其他群体或人类社会产生的不良影响，损害了其他国家和群体的利益和安全，就丧失了科研工作者起码的良知和道德。

2001 年，意大利著名的人类生育繁衍专家塞韦里诺·安蒂诺里（S. Antinori）公布了克隆人的计划。这一声明立刻遭到了世界医学界的一致怀疑和谴责。美国宾夕法尼亚大学生物伦理学中心主任亚瑟·凯普兰表示：克隆技术尚不成熟，先前的动物实验中出现的高失败率、畸形后代、排斥现象以及代孕母体安全等问题，将会出现在克隆人研究中，在未能充分了解这项技术可能具有的负面影响下就开始的研究行为是极不负责的。世界医学协会主席恩里克·阿科尔西则表示：把克隆技术用于人类自己有悖于人类价值、伦理和道德原则。意大利医师协会也启动了惩戒措施程序对安蒂诺里施压，此后的进展表明安蒂诺里企图从事的这项带有强烈技术风险和伦理风险的研究在多方努力下最终不了了之。

如果说安蒂诺里的行为更多的是一种炒作，那么美国哈佛大学公共卫生学院在中国的人类基因研究则带来了切实的不良后果。1996 年 7

---

① ［德］赫尔内克. 原子时代的先驱者. 北京：科学技术文献出版社，1981.5

月，美国《科学》杂志率先报道了哈佛大学的"群体遗传研究计划"，报道中提到该项目在中国的血样采集数量很大①。但从1999年开始，一些美国生命科学家从生命伦理的角度对这些项目提出质疑，美国卫生与公共服务部下设的"人体研究保护办公室"也开始就这些问题进行调查。2002年3月28日，该办公室在初步调查后说，哈佛大学12个人类基因研究项目在生命伦理、监督管理和确保参与者安全等多方面存在"广泛而严重"的违规。②其中，第一条就是：在项目开始之前，没有按有关条例的规定，事先接受伦理机构的评议和审查。哈佛大学公共卫生学院随即承认，他们在人体医学实验的监督上的确有改进的必要。2002年5月14日，哈佛大学校长萨默斯在国内某大学演讲回答学生提问时，公开承认哈佛大学在中国某地区进行的人体研究"不仅是错误的，而且是极其错误的"③，但项目的试验对千万受试者产生的不良影响及中国基因的流失已经无法挽回。正如新华社记者撰文指出的："在国际合作以及学术研究中，为了局部或个人的利益，就可以忽略或牺牲国家利益吗？……我们运行基因研究领域的国际合作，但不能以牺牲公众的知情权和国家的根本利益为代价。"④

三、剽窃他人学术思想和研究计划

剽窃他人的学术思想和研究计划是指未经他人允许而把别人的学术思想或研究方案纳入自己项目申请书的行为。因为在项目的申请阶段，评审专家关注的是项目申请人在项目的申请思想中体现出来的创新性，项目能否立项，这一部分往往起到决定性的作用。但一些学者迫于评职称等各种因素的压力，或相关科研机构在项目申请上"广种薄收"的态度，要求科研人员尽量参与申请均是导致近年来在项目申请阶段学术不端行为增加的重要原因。

自2005年以来，国家自然科学基金委员会监督委员会就开始公布对其所受理的学术不端行为的投诉和举报进行的初核、调查和处理情况，希望"发挥典型案例的警示教育作用"。在被通报的案例中就有剽窃他人学术思想和计划的案例。对此，中国科学院院士顾秉林表示："国家从上到下大力支持科技创新，但过多

---

① Constance Holden. Harvard and China probe disease genes. Science，1996，273：315
② 熊蕾，汪延. 哈佛大学在中国的基因研究"违规". 瞭望，2002，(15)：48
③ 学金良. 美国哈佛大学校长劳伦斯·萨默斯：哈佛在华人体研究"极其错误". 北京青年报，2002-05-15
④ 熊蕾，汪延. 令人生疑的国际基因合作研究项目. 瞭望，2001，(13)：24~28

行政干预和社会的迫切愿望也给研究人员施加的压力很大，造假往往是在这种情况下产生的。"①

国家相关部门没有对造假行为采取姑息态度。在2005年7月实名公开通报的三起科技工作者违背科学道德、违反国家自然科学基金委员会项目管理规定的案例中，就有一项是属于项目申请阶段剽窃他人的学术思想和研究计划的行为。据官方网站信息，某研究院李某某2001年和2003年分别申请国家自然科学基金项目并获得资助，项目批准号分别是：50179040和50379057。经核实，李某某的50179040项目申请书抄袭了某研究中心王某某申请书的"摘要"、"研究内容"、"拟解决的关键问题"、"技术路线"、"研究方法"、"可行性分析"、"本项目创新之处"、"预期研究成果"、"立论依据"以及"经费预算"等内容。50379057项目申请书抄袭了某研究中心尹某某申请书的"主要研究内容"、"拟解决的关键问题"、"本项目的创新之处"以及"年度研究计划及预期进展"等内容。尽管李某某辩称参加过王某某撰写后者申请书的讨论并在提交申请书前和王某某进行了沟通，但该基金委认为，李某某抄袭他人申请书的学术思想和研究计划证据确凿，决定给予其通报批评，撤销其已获资助项目，收回所拨经费，同时取消其项目申请资格3年。② 2001年12月，美国研究诚信办公室（ORI）公布了对得克萨斯大学休斯敦健康科学中心助理教授熊黑淼博士剽窃、造假一案的调查结果和处理决定。该研究人员承认，在提交给美国国家卫生院的项目申请报告中剽窃了他人提交给该研究人员审核的经费申请报告的内容。科研诚信办公室决定在一年之内，禁止该研究人员申请政府科研基金，3年内不能在政府学术委员会任职，同时在有其参与的政府科研基金申请和其他报告中，其本人及其所属单位必须书面保证在引用他人的观点、数据或实验结果时，都做了恰当的说明，而且保证报告中没有伪造、误导的内容③。

在科研项目的申请立项阶段，项目申报管理人员或同行评议人员由于具有提前接触项目申请计划的优势而出现的剽窃他人学术思想的行为也时有发生。国家自然科学基金委员会2006年第2期简报中就曾披露了基金申报管理人员高某某2003年申请科学基金项目时抄袭剽窃他人申请书的案例。经核实，高某某2003年申请科学基金并获资助。其申请书中，除研究的靶分子与他人的申请不同外，两份申请书的文字表达基本一致。经调查高某某负责单位下属部门的基金申报管

① 赵何娟. 五位大学校长谈打假，科研者易在压力浮躁下造假. http://news. china. com/zh_cn/domestic/945/20060724/13487689. html. 2006-07-24

② 国家自然科学基金委员会. 关于中国水利水电科学研究院李贵宝申请国家自然科学基金项目弄虚作假的通报. 国科金监函 [2005] 24号. http://www. nsfc. gov. cn/nsfc/cen/00/its/jiandu991013/20050818_03. html. 2005-07-05

③ 李鹏. 国外学术腐败案如何了结. 教育情报参考，2007，（11）：12

理工作，利用参与科学基金项目申请论证之机，抄袭了何某某的申请书。该事件被披露后高某某表示愿承担全部责任。

在国家自然科学基金委员会2007年第1期《简报》中披露了陈某剽窃香港RGC某资助项目书的案例。据调查，陈某的国家自然科学基金项目申请书与香港RGC资助的某项目申请书的立项依据、研究目标、研究内容、拟解决的关键问题、研究方法和技术路线等内容基本雷同。陈某在香港与某教授合作期间，曾得到该教授的两份申请香港RGC资助的申请书，遂将其中一份编译为国家自然科学基金项目申请书，直接采用了香港RGC项目的研究内容和思路，为其基金的成功申请提供了重要的支撑。

科学基金作为国家支持基础研究和部分应用研究的主要渠道之一，具有目标导向、前沿导向和科学精神导向的功能，其中科学精神导向就是对实事求是治学态度的弘扬，在面对名利诱惑时，科研工作者不光要具有对科学未知领域的探索精神，实事求是的严谨治学态度更应是题中应有之义。

四、在项目申请书中提供虚假信息

在科研项目申报过程中，由于申请者的工作设想、学术思路以及工作水平等只能以申请书或可行性论证报告的形式表达出来，因此申请书的好坏常常是科研项目能否获得资助的关键性因素，这也使得部分研究人员不惜铤而走险。在项目申请书中提供虚假信息主要是指科研人员为在项目申请中占据有利地位而未能据实提供申报信息的行为。在具体过程中主要表现有以下三个方面。

（一）虚拟项目组成员

在项目评审中，项目组成人员被视为该项目能否得到实施的重要依据。项目组成员的真实性要求项目申请书中所列出的均应是切实参加项目研究的人员。但在具体申请过程中，某些申请者为了能使项目通过，出现了伪造项目组成员的不端行为。

在国家自然科学基金委员会2005年7月实名公开通报的三起科技工作者违背科研道德和相关项目管理规定的行为中，某大学"邓其月"和"梁涛"在2001年和2002年分别申请了两个该基金项目。经核实，某大学并没有"邓其月"和"梁涛"二人，而这两个人实际上是该学校的苏某某伪造出来的。苏某某在两个项目的申请书中假造了"邓其月"和"梁涛"从本科一直到博士的学习情况，并多次在申请书里冒充他人签名。经调查该基金委决定给予苏某某通报批评，同时撤销其已获资助的项目，取消项目申请资格 4 年。

虽然这一处分在当时的通报中是处罚最为严重的，但伪造项目组成员的不端行为还是一再发生。在国家自然科学基金委员会 2005 年第 1 期《简报》通报的 16 起学术不端行为中，某大学惠某在 2003 年博士毕业后没有正式聘任留校的情况下，2004 年 3 月以读博学校为依托单位申请该基金项目，项目主要成员石某更是查无此人。惠某在申请科学基金项目伪造单位及项目组主要成员，对基金的声誉造成了不良影响。因此国家自然科学基金委员会监督委员会决定撤销惠某已获资助的项目，收回所有已拨经费。宋某某 2004 年申请并获得资助的项目中主要成员"陈可敏"也不存在，随后宋某某的项目也被撤销，经费被收回。

（二）虚构项目组成员信息

一些项目在招标开始时，设定了一定的门槛对申请者资格进行限制，确保项目实施的质量和进度。这一阶段的不端行为主要是指在项目申请过程中，为增加申请的成功率，不按实情提供项目组成员的学历、职称等信息的行为。

2004 年 6 月，四川某学院招聘具有博士以上学历的人才进行"生态与经济"课题的研究。不久，一个名叫龚某某的人将自己拥有的复旦大学"产业经济学"博士学位，重庆某知名大学以及成都某知名大学博士后工作站证明等相关资料寄给校方。学院经"审查"后决定聘用龚某某为教授。但随后的调查表明龚某某的真实学历是某大学"管理科学与哲学系"行政管理本科专业 95 级毕业生。2000 年，他伪造了复旦大学博士学历，顺利进入重庆和成都两所大学的博士后工作站从事科研项目并均顺利出站。正是这虚假的博士文凭和真实双料博士后科研工作站经历使该学院上了当。2004 年 11 月 26 日，警方以涉嫌伪造、私刻印章对龚某某予以刑事拘留。①

2005 年国家自然科学基金委员会第 1 期《简报》中也披露胡某项目申请书中提供的职称信息、学历信息等均系伪造，最后该基金委员会给予胡某内部通报批评，撤销其已获资助的项目，收回所有已拨经费的处罚。同期披露的陈某在其 2003 年申请书中填报的出生日期、学历、职称等个人信息也都经过改动。据统计，在国家自然科学基金委员会监督委员会 2005～2007 四期《简报》所披露的 59 例不端行为的案例中，提供虚假学历、职称信息的行为就有 28 例，占整个不端行为案例的 47%。这反映出在学术资源日益稀缺的今天，许多科研工作者为

---

① 张惠萍，陈章采. 四川假博士应聘大学当教授，变造文凭名字也造假. http://news. sohu. com/ 20050107/n223822189. shtml，2005-01-07

获得项目支持急功近利的心态。

(三) 虚报学术成果

提供虚假学术成果信息是指项目申请者出于特定目的而未能真实提供已发表的学术论文、参与项目等相关学术成果信息的行为。科研项目申请非常讲究前期研究基础，它在一定程度上决定了项目研究的深度和拓展力度，决定了项目研究是否能够顺利进行。因此科研成果的多少对新项目申请的成功至关重要，这也导致了一部分学者在项目申请中提供虚假学术成果信息的行为。

2006 年 6 月 20 日，上海某大学宣布终止与生命科学与技术学院院长杨某的聘用合同，并解除其该校教授职务。事情的起因是涉及杨某的多起学术不端行为，其中一起就是在项目申请中提供虚假学术成果信息。2005 年 3 月，在有关博士点的申报材料中，杨某将一篇发表于 2004 年《肺癌》(Lung Cancer) 杂志的论文列入其论文清单。后经查证，该校认为论文并非杨某的成果。2006 年 3 月，杨某在申报国家某基金重点和面上项目的材料中，又将他人承担的国家"十五"攻关项目子课题列入其承担的科研项目栏目。该校表示，杨某的行为背离了一个教育工作者和学者基本的科学精神和诚信操守，违反了学校和教育部《关于加强学术道德建设的若干意见》等规章制度，因此做出了上述处罚。①

2007 年国家自然科学基金委员会监督委员会第 1 期《简报》中，某大学聂某某在申请基金项目时提供了虚假的学术成果信息，其申请书中列举了 3 篇文章作为代表性论著，事实上这 3 篇文章只发表了 1 篇，另 2 篇已被拒绝发表。某大学杜某某在申请该基金项目时，在申请书中列举了 10 篇与项目有关的论文。其中 7、8、9 和 10 号论文在 2003 年申请基金时还没有撰写，更谈不上发表。到 2006 年 10 月 30 日，这 4 篇文章依然没有发表。杜某某所在的依托单位在得到国家自然科学基金委员会监督委员会调查委托后，不认真核查，提供"基本属实，没有发现主观上有弄虚作假的现象"的虚假证明，同时负有疏于监管的责任。

美国研究诚信办公室（ORI）于 2007 年也披露了挪威雷迪厄姆医院（NRH）的乔·苏泊（J. Sudbo）在项目申请中的不端行为。奥斯陆大学和 NRH 组成的专家组在调查中发现，苏泊在提交给国立癌症研究所（NCI）和国立卫生研究所（NIH）的 1P01CA106451-01 项目申请书中提供了虚假的学术成果信息，他虚报

---

① 王有佳. 窃用他人成果, 同济大学造假院长被解聘. 人民日报. 2006-06-22

了基金项目的成果，在项目申请基本数据部分所提供的表明其研究经历的数据被调查委员会认为"纯属虚构"。在第一年的项目进展报告中，苏泊又捏造了患者的数量，最终苏泊承认了自己的不端行为。为此，苏泊将不能参与由美国政府资助的研究项目，同时也不能在美国公共卫生服务部设立的任何委员会任职。① 随着学术竞争的日趋激烈，为争夺项目而出现的提供虚假信息的情况也呈现出日益增长的趋势，这不仅损害了整体的科研氛围，而且还将影响我国创新型国家建设的战略进程。

五、侵犯他人知情权和署名权

知情权和署名权均为法律术语，知情权主要指一方主体从另一方主体依法了解与自身利益相关信息的权利和自由，署名权则是表明作者身份，在作品上署名的权利。在现代社会中，知情权和署名权是公民主权理念的必然要素，也是公民生存权、发展权的题中应有之义。同样，在科研项目的申请中，公民的知情权和署名权同样不得受到侵犯。对此，中国科学院和国家自然科学基金委员会等相关部门都做了相应规定。任何违背上述规定的，轻则会受到上述部门的处罚，重则将受到法律的追究。但在实际操作过程中，一些科研人员在没有相应的科研团队的情况下，为了达到项目成功申请的目的，出现未经他人许可将其列入项目组并代为签名的不端行为。

国家自然科学基金委员会 2005 年就披露了某大学陈某某在 2002 年的项目申请书中，在主要成员李某、高某某和孙某没有授权任何人的情况下，代替他们在"项目组主要成员"一栏上签字，国家自然科学基金委员会监督委员会决定撤销其已获资助的项目，收回所有已拨经费。2007 年第 1 期《简报》中通报了某大学方某某在申请基金时，在项目组主要成员不知情的情况下，私自将他们写入申请书中并代替他们签字。经调查核实，方某某在 2004 年申请科学基金时，因缺 2 个合作单位公章被学校科技处退回，后私自将所在教研室的多名教师和其成果列入了课题组，侵犯了他人的知情权和署名权。接受调查的 5 位"项目组成员"只知道方某某申请到国家自然科学基金项目，均不了解该项目研究内容和进展。另一名申请人齐某某在 2004 年申请科学基金项目申请书中，在未获授权的情况下将陈某列入项目组主要成员中，并代签了陈某的名字。随后齐某某承认由于对国家自然科学基金项目管理规定和办法了解不全面，犯了错误。

在 2006 年国家自然科学基金委员会监督委员会第 1 期《简报》中，通报了

---

① Case Summary—Jon Sudbo. http://ori. dhhs. gov/misconduct/cases/Sudbo. shtml. 2007-10-09

某大学徐某某 2004 年申请科学基金项目并获得资助时，参照了同学祝某某博士论文和某市科技发展基金项目研究内容。在祝某某曾表示不同意该研究内容由徐某某申请国家自然科学基金的情况下，徐某某依然将祝某某博士论文作为基金申请内容。同时在没有祝某某正式委托下，由其他人代替祝某某在项目组主要成员一栏中签字。徐某某在申请和执行项目过程中，没有主动与祝某某沟通，存在掩盖故意引用他人成果的事实。国家自然科学基金委员会监督委员会研究决定，撤销徐某某的科学基金项目。

第二节　科研项目实施阶段的不端行为

科研项目是指为探索事物运动变化规律或为解决某一具体问题而制定出的详细计划，在这个意义上，科研项目的实施实际上就是确定科学问题、求解科学问题和其结果应用的过程。科研项目实施阶段的不端行为主要指在科研项目已经得到批准立项，但在实施过程中，研究团队并没有按项目申请中的承诺进行科研活动，出现一系列背离科研初衷的行为，从而导致国家科研经费的流失和浪费以及项目执行过程中的种种问题。

一、实施主体的变更

实施主体变更是指项目执行人在项目实施过程中由于各种原因而委托项目组以外人员代为实施项目的行为。在项目申请过程中，某些学者利用自己已有的学术基础取得相关项目后，由于种种原因不能亲自去做具体研究，就会把项目分解委托给项目组以外的科研人员实施，从而出现了项目实施主体变更的情况。

项目实施主体的变更对科技发展具有较大的危害性。首先，它会导致学术领军人物的逃离效应，从而劣化科技创新的质量。其次，科研资源的过度集中遏制了学术创新的生机和活力，使得科研资源拥有者和项目的实际执行者之间形成了委托－代理的利益依附关系，从而为科研不端行为提供了空间。最后，科学界的少数精英占有了学术领域内的大多数学术资源，势必造成新涉及这一领域的研究人员的依附效应，从而扼杀年轻科技工作者的积极性，延缓科研活动领域应有的新陈代谢，损害的是科技界的生命力，而最终损害的是科学的生命力和建立创新型国家的发展战略。

在 2007 年国家自然科学基金委员会监督委员会第 1 期《简报》中，该基金监督委员会发现四位科研人员在 2005 年发表的标注国家某基金项目资助的论文（论文 A）存在抄袭剽窃他人在 2002 年发表的论文

（论文 B）的嫌疑。经核实，项目获得者某科研人员（四位署名作者中的第一作者）未亲自完成科研项目，而是雇用大学毕业待业人员以高粱为材料，做磷素对根系生长影响方面的实验。雇用人员用两个月时间完成了所有"实验"并提交了研究报告。该报告除了研究材料不同，几乎照抄了论文 B。该科研人员未做审核，而相信了"实验数据与总结报告"并经整理后发表。由于该科研人员没有亲自实施项目，导致对科学实验失于管理，又未审查变更后项目实施主体得出的实验数据，从而酿成这起科研不端行为。随后该科研人员辞去行政和学术职务，并主动发表撤稿声明，表示道歉，挽回影响。

2002 年申请到青年基金项目的宋某某，在其项目批准后，长期出国不回，其项目也一直由他人负责执行，国家自然科学基金委员会在经过调查后做出给予宋某某内部通报批评，撤销其已获资助的两个项目，收回所有已拨经费的处理决定。在项目的实施阶段，如果没有严谨的治学态度，随意变更研究的主体，将不可避免的劣化项目实施质量，对科技进步和研究氛围产生更多的负面影响。

二、科研经费的不当使用

科研经费是由国家通过财政手段拨付给科研部门用于科学研究的费用。科研经费是项目顺利实施的重要保证，应该遵从专款专用的原则，真正用于所申请项目的研究。科研经费的不当使用主要是指在项目实施过程中出现的浪费、滥用和挪用研究经费的行为。

1990 年，斯坦福大学爆出的"间接费用"丑闻就是不当使用科研经费的例子。"间接费用"是政府在发放科研经费时给予研究者所在单位的费用，用于房屋、水电、文秘等开支。据披露斯坦福大学在八十年代利用"间接费用"从联邦政府多索取了数亿美元。同时斯坦福大学拿到联邦政府报账的项目还包括该校校长卧室的装修，婚礼招待会，斯坦福一家的墓地，甚至一艘豪华游艇的折旧费等。1991 年 3 月，美国国会举行听证会，调查斯坦福大学的这个案件。最后，斯坦福大学校长辞职，同时该校向联邦政府退还了 100 万美元间接费用，外加 120 万美元罚款。①

1992～2000 年，曾经名噪一时的佛蒙特大学医学院教授埃里克·珀尔曼伪造研究数据，然后在有关更年期、老龄化和激素的期刊上发表文章，并以此从联

① 朴雪涛，王怀宇. 大学制度创新与中国研究型大学建设. 北京：光明日报出版社，2007. 220，221

邦政府非法获取、使用科研资金 54.2 万美元。2001 年珀尔曼遭到联邦政府的调查，2005 年 7 月 18 日，珀尔曼在联邦法庭上被判入狱五年，同时被禁止申请联邦政府的科研基金。① 2005 年在黄禹锡造假案被披露后，韩国监察院调查结果显示，其在研究期间可能大量挪用了国家及民间科研经费，涉及金额高达 70 亿韩元（约合 720 万美元）。②

在我国，科研经费的不当使用更是一个相当普遍的问题。据新华社报道，某省 2006 年度对高校科研经费使用情况的审计报告披露，直接用于课题研究的费用开支仅占 40.5%，而管理费用、人员经费等开支占到了近六成。审计人员调查发现，有些高校还在科研经费中报销应由个人承担的诸多费用。③ 而部分科研管理机构和管理人员更是利用权力截留、挪用科研经费。面对这些现象，我们必须切实加强对科研经费的管理，尤其是对科研机构的科研资金建立、健全资金使用制度，从制度设计之初就严格把关，同时强化科研经费的监督机制，真正做到科研经费的专款专用，确保经费的使用效能。正如卫生部部长陈竺所指出的，科研经费来之不易，必须对得起纳税人。④ 科研经费管理和使用一旦出了问题，将会直接败坏科研人员和科研管理部门的声誉，损害国家利益。

三、伪造或骗取试验标本

伪造或骗取试验标本是指在科学活动中，为了达到某些特定目的而用造假或隐瞒的手段获取研究样本的行为。在科学活动中，标本或试验样本往往具有举足轻重的作用，它可以为科研工作者理论假说提供重要依据，进而为他们带来相应的荣誉，因此在科研活动中也出现为了获取名利链而走险、伪造或骗取试验标本的事件。

印度昌迪加尔旁遮普大学地质发展研究中心的高级教授古泊塔 25 年来，先后发表了 400 多篇论文，在印度学术界享有极高的声望。然而澳大利亚悉尼麦夸里大学应用地质学院的泰伦特在进行了长期、深入地研究后，发现古泊塔的古生物资料充满不确切和可疑的东西。1987 年，在加拿大举行的第二届国际泥盆系会议上，泰伦特和两位印度同行对古泊塔的研究提出质疑。随后的调查表明古泊塔采用多种手法伪造了喜马

① 朱静远，丁宇岚. 他们是"吹"出来的科学家. http://www.jfdaily.com/gb/node2/node4085/node4324/node44014/userobject/ai/204078.html, 2006-01-22

② 黄禹锡涉嫌挪用巨额科研经费. 国际金融报, 2006-02-07

③ 李红军. 科研经费的"筐". 中国经济信息, 2007, (16)：23

④ 仇逸，刘丹，李明等. 科研经费来之不易，必须对得起纳税人. http://news.xinhuanet.com/tech/2007-07/03/content_6323678.htm, 2007-07-03

拉雅化石标本。《印度地质学会》发表社论，敦促古泊塔所属的旁遮普大学当局迅速采取措施，追究此事。国际潘德尔学会则发表声明：开除古泊塔的会籍，并呼吁同行们揭露他伪造的"资料"，最终无可辩驳的事实使得古泊塔事件真相大白。①

德国法兰克福大学人类学家、著名考古教授雷诺·普罗茨经常有令全球考古学界震动的发现。然而后来的调查表明，普罗茨负责测定的古人类头盖骨年份均有问题，譬如一个他宣称有 36000 年历史的古人类头盖骨仅有 7500 年；而另一个他声称可以追溯到公元前 27400 年的头盖骨，只有 250 多年历史。一位考古学家无奈地说："由于普罗茨以前捏造的发现，发生在 4 万年前到 1 万年前的人类发展史必须彻底重写"，随后法兰克福大学发言人证实，声名狼藉的普罗茨教授被该大学强制规劝"退休"。②

日本的考古学家藤村新一从 1972 年就开始参与考古挖掘，他在日本各地参与过的遗迹发掘共达 184 处，由于发现成果颇丰，因此被称为"石器之神"。其最重要的考古发现是地处日本东北宫城县筑馆町的上高森遗址，藤村在那里发现了号称 70 万年前的旧石器。这些"旧石器"的出现也被作为重要史料收进 1998 年以后出版的日本高中历史教科书。2000 年 11 月，藤村自埋自挖式的"考古"行动终于被揭穿了。经过 3 年多的调查，日本考古协会特别委员会作出的报告称，由藤村新一参与的 162 处旧石器遗迹挖掘属捏造。特别委员会提交的报告书指出，"藤村从最初参与对遗迹的调查就抱有造假的动机"，其目的"只是为了获取名誉"。③

伪造实验标本在科研活动中是十分不道德的不端行为，骗取实验标本同样令科学界所不齿。在上文提到的美国哈佛大学公共卫生学院，在中国的人类基因研究项目执行过程中，就存在擅自更改校方批准的科研计划，骗取实验标本从事基因研究的问题。例如，对"哮喘病的分子遗传流行病学"的研究，批准招募的受试者为 2000 人，但实际招募的达 16686 人。此外，批准的每份血样的采集量是 2 茶匙，但实际增加到 6 茶匙，所用的支气管扩张剂也和报批的不一样。在另一项关于纺织女工轮班制对生育的影响的研究中，报批的是在确认怀孕前，每个月抽 7 天采集尿样。但在实际中，未经批准便擅自改为每天采集尿样。④

① 卢天赈. 沽名钓誉：鲜为人知的科学丑闻. 长沙：湖南科学技术出版社，1999. 126~129
② 罗斯. 著名考古学家雷诺·普罗茨竟是巨骗，捏造多起惊人发现. 深圳特区报，2005-02-22
③ 管克江. 施展"魔手"自埋自挖，编造日本历史"神话". 环球时报，2000-11-10
④ 熊蕾，汪延. 哈佛大学在中国的基因研究"违规". 瞭望，2002，(4)：48

实验标本是科学研究的第一手资料，也是整个研究活动的基础。如果科研成果建立在伪造或骗取试验标本的基础上，则整个研究活动就丧失了其应有的意义，同时也造成了有限科学资源的极大浪费，从而延缓科学发展的进程。

四、伪造没有实施的研究活动

伪造没有实施的研究活动是指项目实施主体并未从事相关研究，而是通过伪造项目实施材料和相关数据而获得研究成果的行为。科学的研究活动要求研究者具有坚定的科学精神，它表达的是一种敢于坚持科学思想的勇气和不断探求真理的意识。科学精神首先要坚持的就是求实精神，如果在科研活动中，伪造没有实施的研究活动，那就是对科学精神最大的违背。

2005 年黄禹锡事件被披露后，在随后首尔大学组织的专案组对其科研成果进行的调查中发现，黄禹锡和他的团队将两个干细胞数据夸大为 11 个，其余的 9个干细胞的所有数据均系编造，黄禹锡和他的团队并未进行相关工作。[①]

在 2004 年披露的上海某高校陈某"汉芯"事件中，陈某的项目组在根本没有实力实施项目的情况下，于 2002 年 8 月从美国买来 10 片MOTO-freescale 的 56800 芯片，并将芯片打磨和更换 LOGO，随后加上了各种虚假的证明材料，并依托有关背景，利用相关公司的经济实力，骗取了有关部门的信任，使得这一虚假的研究成果得以发布。随着造假事件的败露，该校撤销了陈某微电子学院院长职务，撤销其教授职务任职资格，解除教授聘用合同。教育部撤销了陈某"长江学者"称号，取消其享受政府特殊津贴的资格，追缴相应拨款，有关部门也终止陈某负责的科研项目的执行，追缴相关经费，取消其以后承担国家科研计划课题资格。[②]

武汉某高校经济学院教授，为了破格晋升，伪称写了一本《发展经济学的发展》的专著，到商务印书馆骗得出版证明，同时利用各种渠道在各报社骗发了 6篇书评。这一事件随着商务印书馆与该校的接触才最终明朗。随后，该教授被所在大学取消了教授和博导的头衔。[③] 2007 年美国研究诚信办公室（ORI）通报了加利福尼亚大学洛杉矶分校研究人员 J. D. 拉伯（J. D. Lieber）在国立药物滥用

---

① 崔月婷. 诺贝尔的新囚徒——反思黄禹锡造假事件. http：//www. sciam. com. cn/article. php？articleid＝111，2006-02-10

② 冯雪. 2006 中国十大科技骗局："汉芯一号"中国造，http：//www. kpcn. org/news/Read. asp？newsID＝9440&kpcn＝7055475，2007-02-05

③ 周国洪. 刹住学术浮夸造假风. 瞭望，2003，（8）：52

研究所（NIDA）与国立卫生研究所资助的项目中存在伪造没有实施的研究活动的行为，他声称自己与所分配的被试者进行了面谈，但随后的调查表明他并没有进行相关活动，而是编造了与这些研究参与者的谈话记录，伪造了其中20名被试者的尿样记录并导致部分错误的记录被录入研究数据库。最终该研究人员被禁止参与美国政府资助的研究项目，并且不能在美国公共卫生服务部设立的任何委员会任职。[1]

伪造未实施的研究活动的危害是巨大的，它不仅造成了科研资源的极大浪费，而且有可能对正在成长的学术领域的前景造成极大的不确定性。正如《科学美国人》在对"黄禹锡事件"的反思性文章中所指出的那样："我们同样担心这个欺骗事件对干细胞研究前景产生长期损害，因为我们仍旧认为这一研究大有价值，但投身其中的科学家应该在诚实与伦理上保持更高标准"。[2]

第三节　科研成果形成阶段的不端行为

科研成果形成阶段主要是指科研活动的数据搜集、整理直至形成学术成果的过程。这一阶段也是科研活动不端行为的高发阶段。该阶段的不端行为主要指在科研活动进行和科研成果的形成过程中，不以确实做过的观察、实验为依据而是用作假的手段，提出"成果"的行为。主要包括伪造实验数据和剽窃他人成果两种类型。

一、伪造实验数据

科学知识区别于其他知识之处，就在于它是实证的，是由职业化的学者进行生产的。这些学者不断检验着彼此的工作，剔除那些不可靠的东西，充实经过验证的结果，而这些结果都是建立在实验基础之上的。原始记录数据是科学结果正确与否的前提和依据，对于科技工作者而言，尊重原始实验数据即第一手材料是科学研究的基本道德准则，也是默顿所言无私利性科学精神的基本要求。然而，在现有的科学研究中，一些人或急功近利，或为了使结果支持自己的假设，或为了附和某些已有研究结果，不以或不完全以实际观察和实验中所取得的真实数据作为得到理论或验证假说的依据，而是用主观取舍、篡改甚至编造数据（包括可数量化的图表、曲线等）等手段有意偏离真实情况，取得"人为的成果"。

---

① Case Summary—James David Lieber. http://ori. dhhs. gov/misconduct/cases/Lieber. shtml. 2007-07-23

② 冯武勇. 黄禹锡事件，只有他一个人错了吗？ http://news. xinhuanet. com/st/2006-01/12/content_4041358. htm. 2006-01-12

（一）主观取舍数据

主观取舍数据是指研究人员确实进行了某项研究，也有确定的观察记录，但在最后形成科研成果时却并未以实际获得的全部数据为基础，而是仅仅选取其中一部分对得到或验证某一结论有用的数据（G. 霍尔顿称其为"黄金事件"）或作出带有主观倾向性统计处理的行为。

19 世纪上半叶，著名的科学家莫顿在其所做的颅容量和智能的相关性研究中，由于始终将"颅容量是衡量智能的一个尺度"这一偏见贯穿于研究工作中，因此在整个研究过程中他对支撑数据进行了取舍。在评价美洲印第安人时，莫顿加进了许多头骨一般较小的印加人，但为了不让高加索人种的平均数值降下来，他又有意把头长较小的印度人排除在外。同时，莫顿没有注意到由于男性身材大于女性，所以头骨也大，故没有针对性别的影响做出纠正。因此在他的结果中，英格兰人以 96 立方英寸的颅容量而远远大于非洲南部霍屯督人 75 立方英寸的颅容量，从而为其种族等级论提供了重要的佐证，但他没有声明的是，英格兰人的数据全部取自男性，而霍屯督人的数据则全部来自女性。①

在北欧四国所披露的科研不端行为案例中，某高级研究人员在其新型治疗方法的临床实验报告中，为表明该疗法的有效性也有意的排除了几名患者的病例②。这些做法既是对科学研究诚实原则的背离，也弱化了相关研究结论的可信度，从而危及科学知识的"确证性"基础。

1990 年，美国艾奥瓦大学医学部内科一名日籍高级研究员进行了一系列实验来验证某种物质对毛细血管扩张的影响，但在最后报告数据的时候，他仅仅选择了那些支持其假说的数据，而排除了与之不相吻合的数据②。正如布罗德（W. Broad）和韦德（N. Wade）在《背叛真理的人们》一书中指出的："科学是一个复杂的过程，在这个过程中，研究人员只要眼光狭窄一点，几乎就可以看到他们想要看到的任何东西。但是，要对科学作一个全面的叙述，要认识这个过程的本来面目，就必须避免受到力求理想结果和抽象的引诱。"③

（二）篡改原始数据

篡改原始数据是科学活动中较为常见的一种不端行为，它主要是指根据自己

---

① ［美］W. 布罗德，N. 韦德. 背叛真理的人们. 上海：上海科技教育出版社，2004. 165 ~ 168
② ［日］山崎茂明. 科学家的不端行为：捏造·篡改·剽窃. 北京：清华大学出版社，2005. 99
③ ［美］W. 布罗德，N. 韦德. 背叛真理的人们. 上海：上海科技教育出版社，2004. 186

对某种理论的期望或为了迎合已有的某个新理论而对实验取得的原始数据进行部分或全部修改并作为研究成果公开发表的行为。在《背叛真理的人们》一书中，布罗德和韦德指出"全盘编造这样的事件几乎可以肯定的说是极为罕见的，编造科研数据的那些人很可能是从修改原始实验结果这类罪行轻得多的小事开始着手并得手的。修改数据这种似乎微不足道的小事在科研中大概绝非少见。"① 美国学者鲍弗洛经调查指出，1989 年，有关篡改图片的指控占不端行为的 2.5%，而到了 2001 年，这个数据上升到了 26%。《细胞生物学期刊》（JCB）曾估计在其收到的论文中，20% 的论文含有修改过的数据，2004 年这一数据可能上升到了 25%。②

　　美国移植免疫学家萨莫林（Summerlin）于 1971 ~ 1973 年在美国明尼苏达大学罗伯特·古德的免疫学实验室研究期间称其发现了可能解决长期困扰人们脏器移植中排斥问题的方法。然而，美国和其他国家一些科研人员在实验室重复萨莫林的移植实验工作时却未取得成功。1974 年 3 月 26 日，萨莫林把两只植皮区涂黑的小鼠作为移植成功的证据呈交给古德。但是事实真相很快暴露。萨莫林因此被停职，这一事件也成为"让人们最早意识到存在科学不端行为的关键事件"。③

　　巴尔的摩（Baltimore）和其日本助手 1986 年在《细胞》杂志上发表了一篇宣称发现小鼠的内源抗体基因在导入的外源抗体基因的影响下，会仿效外源基因业已重组的结构进行表达的文章。但不久该实验室的一名研究人员发现，论文中的一些数据与试验数据不符，调查发现该文发表的三张表和七张图中的六张均存在问题。该案例的审查及定案长达十年之久，在整个事件的处理过程中不仅涉及面广，而且还惊动了政府部门和经济情报局，由此也引发了科学界对政府参与的种种看法。调查科学不端行为的机构 ORI 也曾因在这项案件调查中的失败而面临巨大的困境。④

　　美国科学工作者范·帕里耶斯自 2000 年进入麻省理工学院后，曾在《科学》、《自然遗传学》、《美国国家科学院院报》等刊物上发表了十多篇论文，涉及分子免疫学、RNA（核糖核酸）干扰技术等前沿领域。2004 年 8 月有人向校方检举范·帕里耶斯涉嫌进行"学术不当行为"。后据调查，范·帕里耶斯 1998 年和 1999 年在《免疫学》杂志上

① ［美］W. 布罗德，N. 韦德：背叛真理的人们. 上海：上海科技教育出版社，2004.9
② 王丹红.《自然－细胞生物学》主编谈不端科学行为. 科学时报，2006-07-10
③ ［日］山崎茂明. 科学家的不端行为：捏造·篡改·剽窃. 北京：清华大学出版社，2005.36 ~ 38
④ 田丽韫，宋子良. 巴尔的摩案及思考. 自然辩证法通讯，1999，21（6）：33 ~ 38

发表过的 3 篇论文中的数据和图片有很多雷同之处，只是略作修改就被当做重要理论支撑。随着调查的深入，发现的问题越来越多。在巨大的压力面前，范·帕里耶斯终于承认，自己修改了实验数据，最终范·帕里耶斯被麻省理工学院除名。①

德国科学工作者舍恩（S. Hendrik）在 1998 年加盟贝尔实验室后的短短两年多时间里，在《科学》、《自然》和《应用物理通讯》等全球著名学术期刊上发表十几篇论文，内容涉及超导、分子电路和分子晶体等前沿领域，但其他科学家却无法重复舍恩的实验结果。在接到有关投诉后，贝尔实验室随即展开了对这一事件的调查，调查报告表明在 1998 年至 2001 年期间，舍恩至少在 16 篇论文中捏造或篡改了实验数据。调查小组还发现，舍恩不但没有保留准确的实验记录，而且一些本来可以用于验证其成果的设备不是被毁坏，就是被丢弃了，舍恩随后承认自己在科研工作中犯了错误，并"深感遗憾"，贝尔实验室随后根据调查结果开除了舍恩，德国马普研究所（Max Planck Institute）也撤销了给他的聘书。②

2007 年美国研究诚信办公室也披露了达特茅斯学院的博士后研究人员胡安·卡洛斯·乔治-瑞夫拉（J. C. Jorge-Rivera）不端行为的案例，该研究人员在关于脑细胞中合成代谢甾体影响的博士后研究中篡改了 11 个实验的结果并用于自己论文的数据表中。经过调查后，研究诚信办公室决定，这名研究人员在 3 年内不能在美国公共卫生服务部设立的任何委员会任职，同时在其参与的政府基金申请和其他报告中，他必须提供书面材料，保证其所提供的数据基于切实的实验或由合法途径取得，其数据、步骤和方法也需在其申请报告中给予精确阐述。③

（三）编造实验数据

编造实验数据是指某些研究人员完全不借助观察实验而是根据自己的经验和已有理论凭空捏造、纯粹杜撰数据的行为。1971 ~ 1974 年，古利斯（R. J. Gullis）在英国伯明翰大学进行大脑产生的化学信使的研究工作，受到许多同行专家的重视，然而其他科学家们在试图重复他的实验时却遭到了失败。在亲自进行两周的

① 朱静远，丁宇岚. 他们是"吹"出来的科学家，http://www. jfdaily. com/gb/node2/node4085/node4324/node44014/userobject/ai/204078. html，2006-01-22

② 阎康年. 科学界的诚信——舍恩事件始末综述. 国外科技动态，2002，（11）：14 ~ 17

③ Case Summary-Juan Carlos Jorge-Rivera. http://ori. dhhs. gov/misconduct/cases/Jorge-Rivera. shtml，2007-08-14

重复实验未果的情况下，古利斯被迫承认他早先的工作包括博士论文都作假，所发表的曲线和数值仅仅是凭他个人想象虚构出来的。在给《自然》杂志的一封信中，他写道："在我短暂的研究生涯中，我发表的是我的假设，而不是经过实验取得的结果。"①

　　美国匹兹堡大学心理学家布罗伊宁（S. Breuning）在1979～1983年发表的70余篇论文中，有24篇论述了他收治的智力障碍儿童实施药物治疗的情况，但随后的调查表明，这些论文的数据完全是布罗伊宁本人编造的，他本人并没有进行相关的工作。② 美国研究诚信办公室的《通讯季刊》也曾在1993披露了在美国国立卫生研究所下属的国立过敏感染症研究所的日籍研究人员捏造肝炎研究数据的案例。调查表明该研究人员的研究结果在其实验记录中无法找到支持数据，该研究人员也承认他是以过去的实验数据为参考对实验值进行编造的。③

　　2005年韩国著名科学家黄禹锡事件是近年来编造实验数据的典型案例。2004年和2005年，黄禹锡所在团队在《科学》杂志上撰文指出，他们提取出世界上首个人体胚胎干细胞和世界首例与患者人体基因一致的人体胚胎干细胞，后又声称已经成功培养出11个和患者基因吻合的胚胎干细胞。但2005年12月首尔大学组织的专案组对黄禹锡的科研成果进行调查后发现，黄禹锡和他的团队将两个干细胞数据夸大为11个；这两个胚胎干细胞也不是由体细胞克隆得出的胚胎干细胞，而是受精卵胚胎干细胞。因此，"2005年论文数据，包括DNA指纹分析、畸胎瘤和胚胎照片、组织适合性以及血型分析，均属编造。黄禹锡教授的研究小组并没有吻合患者基因的特制胚胎干细胞，也没有培育成功的有关科学数据"，"除成功培育除全球首条克隆狗之外，黄禹锡所'独创的核心技术'无法得到认证"，最后黄禹锡被首尔大学辞退，韩国检察机关也对黄禹锡等六人提起公诉。④

　　美国匹兹堡大学医学院的一名研究人员在一篇发表于《自然》的论文和另一篇还未发表的论文中捏造实验结果，他把实验室中其他项目的实验结果改动后作为其所做试验的结果。随后的调查表明该实验所需要的药品和细胞系在当时都还没有，因此认定指控成立。这名研究员与美国公共卫生服务部签署了协议，在此后的三年内，不得参与任何由美国政府资助的研究项目，也不能在美国公共卫

　　①　R. J. Gullis. Statement. Nature，1977，265：764
　　②　[日]山崎茂明. 科学家的不端行为：捏造·篡改·剽窃. 北京：清华大学出版社，2005. 124
　　③　[日]山崎茂明. 科学家的不端行为：捏造·篡改·剽窃. 北京：清华大学出版社，2005. 28
　　④　崔月婷. 诺贝尔奖的新囚徒——反思黄禹锡造假事件. http://www.sciam.com.cn/article.php? articleid=111，2006-02-10

生服务部设立的任何委员会任职。①

二、剽窃他人成果

剽窃或抄袭是指科研成果的基本内容不是来源于自己的研究，而是直接、公开地使用别人的观察结果、实验纪录与实验数据、原始性思想与语言等而不予承认的行为，它是科研领域出现频率较高的一种不端行为。就目前所曝光的学术不端行为的具体案例来看，剽窃行为主要涉及以下三类。

（一）直接剽窃

直接剽窃是指把全部抄自他人已发表过的论文或对他人某篇已发表的论文稍加修改或数篇论文稍加综合后得到的论文作为自己成果发表的行为。20 世纪 70年代，从事癌症病理研究的青年研究人员阿尔赛布提在美国费城杰斐逊医院和休斯敦安德森医院马夫里吉特实验室工作期间曾经剽窃发表了大量的论文，他把别人发表过的论文用打字机重新打一遍，把原作者的名字换成自己的名字，然后就把稿子寄到一家不引人注目的杂志发表，他用这种方法瞒过了世界各地几十种杂志的编辑。例如，他曾把剽窃的一篇发表于 1977 年日本某杂志的研究论文寄给瑞士《肿瘤学》杂志并在 1979 年得到发表。在短短的三年内，阿尔赛布提总共发表了 60 多篇文章，最后由于被其剽窃过的研究人员的共同努力才使这一事件得以明朗，阿尔赛布提也随即被解聘。②

2002 年春天，斯坦福大学物理学教授卡拉什撰文给印度总统，指出印度库曼大学（Kumaon University）校长拉吉普（B. S. Rajput）从她1996 年发表的一篇论文中剽窃了绝大部分的数据和公式，而与拉吉普一同剽窃的一个学生还因为这篇剽窃的论文获得一项国际奖项。虽然这封信没有能够直接到达印度总统的手中，但通过互联网络和权威学术刊物的报道，该事件引起印度政府的高度重视，在经过两个多月的调查之后，调查委员会认定拉吉普剽窃案成立。2003 年 2 月，拉吉普被印度政府撤了库曼大学校长的职务。③

国内某大学教师李某某直接剽窃他人论文在 3 家国外学报、杂志上发表。例

---

① 李鹏. 国外学术腐败案如何了结. 教育情报参考，2007，（11）：12
② ［美］W. 布罗德，N. 韦德. 背叛真理的人们. 上海：上海科技教育出版社，2004. 24～37
③ Shailendra Pande. Academic Scandal Rocks Kumaon University. http://pd. cpim. org/2002/oct20/10202002_uttaranchal. htm. 2002-10-20

如，他曾把《瑞士物理学报》发表的一篇论文原文照抄，把作者改成自己，又投到美国的《数学物理》杂志发表。1991 年他向国家自然科学基金委员会提交的项目申请书中列出已发表英文论文 25 篇，经查确认，其中 3 篇为抄袭之作，另有 19 篇的题目纯属虚构。对此，该校给予其开除留用察看、调离教师岗位的处分。①

在国家自然科学基金委员会监督委员会 2006 年第 1 期简报中披露了科研人员谢某抄袭剽窃事件。据国家自然科学基金委员会调查核实，谢某在公开发表的标注该科学基金资助的文章中，抄袭剽窃了 Gautam Goswami 和 Milind Shrikhande 在 *Federal Reserve Band of Atlanta*（Working Paper 97 - 6，October 1997）上发表的 "*Interest rate swaps and economic exposure*" 的内容。随后谢某承认自己抄袭剽窃的事实。国家自然科学基金委员会决定给予谢某内部通报批评，撤销其已获资助项目，在已经冻结其 2005 年申请资格基础上，追加取消其 2006 年度的申请资格，该研究人员所在单位也对谢某进行了严肃处理。

（二）间接剽窃

间接剽窃主要是指将他人未发表的实验思想、实验方法甚至数据等实质性内容窃为己有，并在此基础上写成论文正式发表的行为。虽然科学知识的拓展来源于知识的共享，然而在科研成果未正式发表之前，就必须切实保护原作者的合法权益。就目前的实践而言，各国均将擅自使用或泄露同行未发表的研究成果作为不端行为认定标准之一。因此，科研人员尤其是同行评议人员有保守同行未公开科研秘密的义务，更不能将他人成果抢先发表，据为己有，因为这都构成了对原作者知识产权的侵犯。然而，在科学活动过程中，一些科研人员在现实利益的驱使下，出现了间接剽窃的行为。

美国耶鲁大学医学院的印度籍助理教授索曼自 1976 年开始从事神经性厌食症患者和胰岛素结合的研究。但在最初的两年内，他的研究工作进展缓慢，1978 年，他的导师费立格接到《新英格兰医学杂志》的审稿请求，让他审阅国立卫生研究所罗巴德的论文，而这篇论文也是研究胰岛素对神经性厌食症患者作用的文章。费立格不顾杂志社的有关规定，把文稿转给了索曼。借助于罗巴德的文稿，索曼的研究进度大大加快，正是由于索曼的不端行为才导致了此后一场旷日持久的优先权之争，最后索曼被解聘，费立格也被迫辞去其所任的一些职务。②

① 任火. 编辑审稿应有辨伪意识. 科技与出版，1993，(5)：35
② ［美］W. 布罗德，N. 韦德. 背叛真理的人们. 上海：上海科技教育出版社，2004. 135～150

原华东某大学教授胡某某,曾经是一颗耀眼的"科技启明星",年仅29岁即被聘为教授,1993年就获得了硕士和博士生指导教师的资格,并任该校技术物理研究所所长、国家超细粉末工程研究中心负责人、国家教委超细材料反应工程开放实验室主任等职,同时他还获得了常人难以企及的各类荣誉。但在1997年,他在博士毕业论文里剽窃他人成果的丑闻被公开揭露。据调查,他将国外科学家送他阅读的尚未公开发表的论文的精彩内容攫为己有,再加上其他科学家的专著内容,拼凑成了自己的博士论文。在经过调查后,该校撤消了其博士学位,取消其博士生、硕士生导师资格。该事件还引发了其导师的学术道德问题和经济违法行为,导致这位院士被除名。①

发表前与同行讨论初步结果、实验数据,同行有保密义务,更不能抢先发表,将成果占为己有。(《怎样当一名科学家》一书的成果应被吸取。)

(三) 隐含剽窃

隐含剽窃是指在别人工作的重要启发下,完全以自己确实的观察实验做出了进一步确有新意的研究工作,但在成果发表时,没有给予应有的致谢,甚至有意不征引他人文献的行为。这种行为往往导致科学共同体在对他的成果予以承认时可能出现被承认范围扩大的情况,从而隐含地得到了本该属于他人的那一部分荣誉。因此,对另一个研究人员没有给予应有的致谢,就一定程度上构成了对他人工作的剽窃。

1983年1月,法国巴斯德研究所的吕克·蒙塔尼埃(L. Montagnier),从艾滋病人的血样中分离出一种人艾滋病病毒LAV(拉夫),在发表其生物学性质论文的同时,蒙塔尼埃将病毒的样品标本寄给美国国立癌症研究所的罗伯特·加洛。1984年,加洛在《科学》杂志撰文称自己分离出了一种人艾滋病病毒HTLV-Ⅲ,同时也描述它的生物学性质并申请到了检测专利。蒙塔尼埃发现这两种病毒基因序列的差异只有2%,因此怀疑加洛只是将自己曾寄给他的病毒样品改换了一个名称。这一发现引出了一场旷日持久的国际官司。直到1991年10月,美国国家科学院才通过实验证明加洛的发现来自蒙塔尼埃寄给他的样品。在事实面前,加洛于1994年在《自然》杂志上发表声明,承认他分离的人艾滋病病毒是来自法国巴斯德研究所,美国官方也承认发现艾滋病毒的荣誉归属

① 杨玉圣. 前车之鉴:晚近十大学案警示录. 社会科学论坛,2004,(5):36,37

于法国。①

国家自然科学基金委监督委员会曾实名披露国内某大学教师张某某的剽窃事件。据调查，张某某等署名发表的标注有国家自然科学基金项目（50575220）资助的论文 *"Diffuse backscattering Mueller matrices patterns from turbid media"* 借用了 *"Diffuse backscattering Mueller matrices of highly scattering media"* 的试验装置和 *"Measurement and calculation of the two-dimensional backscattering Mueller matrix of a turbid medium"* 的试验结果，但是在参考文献中并没有列出后两篇文章，也未加注释和说明。监督委员会决定给予张某某通报批评，取消其国家自然科学基金申请资格 3 年（2007～2009），并责成其在《物理快报》上发表声明道歉②。2007年第 1 期简报也披露了科研人员王某某和陈某某（通讯作者）等在《工程热物理学报》、Energy 等刊物上发表的标注有国家自然科学基金项目资助的论文的抄袭剽窃案例。经核实，陈某某等在其所发表的论文中未按国际学术规范正确引用和标注他人发表的论文，从而造成了事实上的剽窃。后陈某某在 Energy 杂志登信致歉，承认了自己的不端行为。

第四节　科研成果评价阶段的不端行为

科学家科研动力，主要源自科学共同体同行的社会承认。不难看出，承认在科学评价系统中占据重要位置。在科学活动的社会运行中，科研人员在建制目标的激励下进行探索，将自己所取得的具有原创性的科研成果提供给其他成员，同时接受共同体所给予的承认和荣誉。在这个过程中，科学评价系统就成为承认与成就相一致的中介。科研成果审查是科研评价系统发挥作用的重要环节，主要包括论文的同行评议和项目的专家鉴定等形式。这是科研论文在期刊上发表，项目成果社会化之前的重要步骤。然而，不论是同行评议还是专家鉴定均应坚守公平、公正的普遍性原则，其他各种社会属性或其他外在因素不应作为评价的依据。正如默顿所指出的："一种学说不管是被划归为科学之列，还是被排斥在科学之外，并不依赖于提出这一学说的人的个人或社会属性；他的种族、国籍、宗教、阶级和个人品质都与此无关。"③ 在他看来，这是构成近代科学精神气质的要素之一。在科研成果审查过程中，如果优秀的学术成果能够始终得到良好的评价，不仅会使受激励者对科学共同体保持忠诚，而且对其他群体成员也有重要的

① 闵敏，王辉. 艾滋病毒的发现者及优先权之争. 中华医史杂志，2006，(1)：58
② 国家自然科学基金委员会. 国家自然科学基金委员会处理决定. 国科金监决定［2007］1 号. http://www.nsfc.gov.cn/nsfc/cen/00/its/jiandu991013/20070619_03.html. 2007-05-25
③ ［美］R. K. 默顿. 科学的规范结构. 哲学译丛，2000，(3)：57

示范作用，从而增强整个共同体的凝聚力。这就暗示了如果科学的普遍性原则能够始终得到坚持的话，这种评议制度就能够很好地发挥作用，而对普遍性原则的背离势必造成这一机制的失灵。科学本来是一个只承认能力和水平的王国，在这个王国中，对人和思想都是根据其水平来判断的，但实际情况却往往并非如此，这一阶段所出现的不端行为也常常表现出对科学共同体基本规范的严重背离。

一、同行评议中的偏见

同行评议一般指由从事某领域或接近该领域的专家来评定一项研究工作学术水平或重要性的方法。在我国 2002 年 12 月颁布的《国家自然科学基金项目管理规定》（试行）中，同行评议指同行评议专家对申请项目的创新性、研究价值、研究目标、研究方案等做出独立的判断和评价。当前，它是科研资源分配、科研奖励评审和科研论文发表等重要手段。同行评议在众多科研领域获得了科学界的认同。一般而言，同行评议中对公开性、公正性、可靠性等原则的遵守是保证学术成果得到正确评价的基础。然而由于同行评议主观性的特点，在具体执行的过程中并不能杜绝偏见的产生。同行评议中的偏见主要是指评议人受主观因素的影响而对评价对象所持有的缺乏充分事实依据的不公正态度。作为人类社会生活中产生的一种社会心理现象，几乎从人类社会诞生之日起，偏见就存在于各民族、社会、群体及其成员之中。诠释学的代表人物加达默尔甚至认为偏见是由历史和传统构成的，它是人类理解的基础，"是在一切对于事情具有决定性作用的要素被最后考察之前给予的"。① 对同行评议的科研专家而言同样不能摆脱人类这种先定的视界，而对于传统科学规范的遵守也使得偏见并不必然导致不端行为的发生，但是如果处理不当，偏见就会成为诱发科研不端行为的重要因素之一。正如布罗德和韦德所指出的"同行评议充其量只是一个粗糙的过滤器，而不是科学家所声称的一种可靠的、辨别力很强的系统……一个很难做到始终如一地识别好科学的系统，不可能总是成功地查出舞弊行为"。②

（一）评议中的情感因素

科研成果审查中的情感因素主要是指在对他人科研成果进行评价的过程中，未能按照成果本身的价值做出客观性判断，而是根据人际关系等非学术性因素以及个人情感等所进行的主观取舍行为。

---

① ［德］加达默尔. 真理与方法. 洪汉鼎译. 上海：上海译文出版社，1999. 347
② ［美］W. 布罗德，N. 韦德. 背叛真理的人们. 上海：上海科技教育出版社，2004. 71

1899 年英国科学家伦琴发现 X 射线后，1903 年，法国著名物理学家布朗洛宣布他发现了一种新射线——N 射线。它引起了法国物理学界的狂热追捧，包括诺贝尔获得者贝克勒尔在内的众多学者纷纷撰文对布朗洛表示支持。法国科学院当年决定授予布朗洛 2 万法郎的勒贡特奖和一枚金质奖章。但在法国之外，竟然没有一个人能发现这种射线。后来，英国物理学家伍德证明，N 射线纯属子虚乌有。布朗洛出于急于做出重大成就与英国人一较高下的心理杜撰了"N 射线"，而其他法国科学家则出于一种民族自豪感而团结在布朗洛周围，从而制造了这幕集体的闹剧。①

国内学术成果评议中的情感因素较为普遍。某些学术领域内的研究者利用自身所具有的个人声望和资源优势，在同行评议中带有较强的倾向性。对某省已授奖的科研成果进行过的统计分析表明，在 2003～2005 年省科技进步奖获得者中，担任行政领导的平均占六成；2004～2005 年，在获国家、省级突出贡献奖和政府特殊津贴的科技人员中，担任行政领导的达到了七成，有些单位甚至高达八成以上。② 正如中华读书网曾刊载某教授的文章所述，"笔者有幸多次担任所谓评委，对评奖内幕略知一二，首先评上较高等级奖项的一般都是这些专家本人的成果，其次是他们的熟人、朋友、同学或自己的学生、老师、上级等，最后才由其他人瓜分剩下的残羹剩饭"。③ 这些行为无疑都是对科学共同体无私利性规范的严重背离。

(二) 评议中的光环效应

光环效应（Halo Effect）原为心理学术语，又称"晕轮效应"、"光圈效应"等，主要是指一个人的某种品质或特性给人以非常好的印象，在这种印象的影响下，人们对这个人的其他品质或特性也会给予较好的评价。它是一种影响人际知觉的因素，着重表明人际知觉中所形成的以点概面或以偏概全的主观印象。学术审查过程中的"光环效应"主要是指出于对著名大学、科研机构或著名科学家的敬仰而对其所呈交的科研成果不按正常程序进行评议或审查非常粗糙，从而与非名流机构或个人相比表现出的一种很强的主观取舍行为。哈利特·朱克曼（H. Zuckerman）通过对美国 92 个诺贝尔奖获得者的分析得出结论："事实证明，

---

① 关洪. 是病态的科学，还是受伤的科学？——N 射线事件百年检讨. 科学文化译论，2005，(2)：100～103

② 陈娟. 警惕隐性学术腐败. 人民日报，2007-02-05

③ 沙林. 谁玷污了象牙塔. 中国青年报，2001-07-18

诺贝尔奖获得者所得到的其他奖励的数目,大部分(但不是全部)情况下是他们获奖后的寿命期的函数。"① 这也就意味着,随着时间的推移,反复受奖的次数将增多,这既进一步验证了学术评价中荣誉富集的马太效应,也充分说明了学术界并不是独立于世俗社会之外的乌托邦。

著名的英国物理学家瑞利勋爵曾投了一篇文章,由于疏忽,文稿上没有署名。据他的儿子和传记作者回忆说:"编委会把这篇文章当作某个没有水平的平庸之辈的文章退了回来。但是当他们弄清了作者是谁后,这篇文章马上就变成有水平的了。"② 在美国马萨诸塞总医院、美国科学院院士查默奇尼指导下从事研究工作的约翰·朗在其论文被指控作伪后,人们总结其中的教训:受朗本人背景的影响而表现的对其工作的过分轻信是导致朗大量的作伪论文得以发表的主要原因。

与此相反,有些在科学史上具有重要地位的科研成果,却因为研究者地位低微而受到忽视。例如,欧姆定律曾一直不为德国的科学界所重视,因为欧姆只是科隆耶稣学校一名普通的数学教师;由于没有相应的学术地位,孟德尔在世期间他的关于遗传基本定律的文章也未在学界引起反响;挪威数学天才阿贝尔在读大学时做出的"五次方程代数解法不可能存在"的证明直到数学界权威高斯去世也未能得到他的关注和认可;化学家门捷列夫 35 岁提出化学元素周期律的时候遭到了科学界的冷嘲热讽,甚至连他的导师——"俄罗斯化学之父"沃斯克列森斯基教授也不相信他会取得成功;杰出的物理学家波恩于 1926 年提出了对量子力学的发展做出巨大贡献波函数的"统计解释",然而直到 1954 年他才获得诺贝尔奖,其原因在于"由于科学界中关键人士的极力反对"。默顿曾指出"在科学史上,比较不出名的科学家写的重要文章被埋没多年的例子是屡见不鲜的"③。

(三)评议中的学术偏好

作为经济学的术语,偏好意指消费者的购买欲望,反映的是消费者的主观愿望。它不仅意味着口味,而且包含价值观、强迫性、上瘾等方面,它既含有先天禀赋的因素,也可以在后天的成长中形成。在经济学家的视角中,偏好是行为的原因或者个人的特性,而该特性则决定了个人在一定环境下的行为。科研成果评议过程中的学术偏好则主要是指论文评议人,由于个人的学术背景、学派之争甚至个人偏见,对被评议的论文表现出的异常喜好或厌恶的行为。

① [美]哈里特·朱克曼. 科学界的精英. 北京:商务印书馆,1979. 328
② [美]W. 布罗德,N. 韦德. 背叛真理的人们. 上海:上海科技教育出版社,2004,83
③ Robert K. Merton. The Matthew Effect in Science. science,1968,159. 62

心理学家马奥尼曾做过一个有趣的实验：他让一家杂志把一篇有激烈争议的关于儿童心理学的虚构文章寄给了75个对这个问题已经有明确看法的审稿人。这篇文章对实验过程的叙述都是一样的，但有些赞同审稿人的观点，有些是批驳审稿人的观点，结果同样的稿子因审稿人的不同而遭遇完全不同的命运。当它符合审稿人的观点时，一般都是略加修改可以发表。而当与审稿人的观点不同时，评价则相当低。由于偶然的原因，在送审的稿子中有一处明显的错误。这个错误也并没有被所有审稿人发现，偏爱方只有25%的审稿人注意到了这个错误，而反对方却有71%的审稿人立即发现了该错误。[①]

1996年，美国纽约大学理论物理学教授艾伦·索克尔（A. Sokal）向后现代思潮研究杂志《社会文本》提交了一篇讨论"后现代哲学以及20世纪物理学的政治蕴涵"的学术文章。文章从内容到形式均符合学术规范要求，《社会文本》5位审稿人一致认为论文已具有相当水准，并将其发表在名为"科学大战"的特刊上。不料索克尔随后在《大众语言》月刊上发表了《曝光：一个物理学家的文化研究实验》，对该文作了彻底否定，坦言自己在编辑们所信奉的后现代主义与当代科学之间有意识地捏造"联系"，甚至还加入了常识性的科学错误。索克尔认为，该文之所以被接受，是因为它"听上去很有趣"，并且"迎合了《社会文本》编辑们在意识形态上的偏见"。[②] 学术偏好对于评议结果的影响实际上反映了一种背离普遍主义规范和有条理的怀疑主义规范的行为。

二、同行评议中的利益冲突

随着当代科学的发展，同行评议在进行科研资源分配、科研奖励评审和科研论文发表等决策方面发挥着越来越重要的作用，有学术"看门人"之称。但是伴随而来的是科学家个人利益与其公共职责之间的冲突日趋增多，因此同行评议的利益冲突问题就成了一个挥之不去的难题。作为一个法律术语，利益冲突原来指当事人的私人利益与其其委托关系的职责利益之间所发生的冲突。在这个意义上，只要当事人因为私人利益而侵犯了他从事职业的规范时，利益冲突便切实发生了。其在科研领域内的引申是伴随着20世纪80年代以来科研不端行为的凸显而发生的。著名学者汤普逊（D. F. Thompson）认为，同行评议中的利益冲突是"在某种状况下，与某个主要利益相关的专业判断，有可能会不恰当地受到某个

---

① W. 布罗德，N. 韦德. 背叛真理的人们. 上海：上海科技教育出版社，2004. 84

② 张聚. 索克尔事件概述. 自然辩证法研究，2000，（6）：9～13

次要利益（私人的经济所得、学术声望、友情亲情、地位提升等）的影响"①。
艾略特（D. Elliott）也认为"如果某一行为在可预见情况下，将会产生有害后果
（如影响科学判断、歪曲研究结果、使相关机构或个人利益受损等），可以认定
其为利益冲突"。②在我国，同行评议活动中的利益冲突一般是指在评议过程中，
评议者对于所评议内容，如科研项目、学术论文评审等基于某一特定学术领域的
专业判断，受到了来自于其他私人利益的影响。

同行评议的利益冲突可以有多种类型，如经济利益冲突、职责冲突、人际关
系冲突、竞争冲突等。它是产生学术不公正现象的一个可能因素，如果处理恰
当，利益冲突并非必然导致不公正。但是，由利益冲突产生的不公正一旦发生，
将造成多方面的危害，尤其是在当事人明确意识到冲突的存在而故意不公正时，
都会对申请人、评议人和资助机构之间的"契约"与信任关系造成极大的危害，
进而危害整个科学领域的利益。

2000年，以《读书》杂志和香港李嘉诚基金会的名义举办的首届
长江《读书》奖，尽管以"最权威、最公正、最有影响力的学术著作
奖项"为目标，其评奖过程也号称是学术民主最充分的体现，评审过程
公正、严谨而认真。但在评奖委员会名誉主席获荣誉奖，《读书》执行
主编兼学术召集人获著作奖、评奖委员会委员获文章奖之后依然在学界
掀起轩然大波，一场关于学术评奖问题的大讨论也由此引发。③

2001年1月22日，当《湖北日报》公示湖北省社会科学优秀成果评奖
（1994~1998）获奖成果之后，学术界舆论哗然。一些教授强烈反映，评奖的结
果不能让人信服，评奖在组织、程序上均存在问题，从评奖结果来看，评委获奖
多。例如，哲学社会学学科组全部5位复评评委（负责复评并参加终审）均有成
果参评，结果是获一等奖2人，二等奖2人，三等奖1人，中奖率100%。7位
初评评委申报获奖率也是100%。武汉某大学几位教授撰文指出："从评审的结
果来看，评委们相互之间的心照不宣、彼此关照、利益均沾、互投关系票，已达
到了出神入化的程度。在一次评奖的高级别奖项中票数如此集中在评委和某个身
居高位的评委的弟子们身上，即使在目前腐败成风的学术界也是少见的。"④从
这些案例我们可以看出，如果没有匿名评审制度和健全的回避制度，同行评议中
的利益冲突问题将对整个学术风气产生巨大的影响。因此，对评议中利益冲突的

① D. F. Thompson. Understanding financial conflicts of interest. New England Medicine Journal, 1993, 329: 573~576
② Deni Elliott. Research Ethics. University Press of New England, 1997. 17
③ 李醒民. 见微知著: 中国学界学风透视. 开封: 河南大学出版社, 2006. 13
④ 沙林. 谁玷污了象牙塔. 中国青年报, 2001-07-18

防范与治理已经成为当今科研机构的重要任务之一。

三、对科研成果本身价值的失实夸大

对科研成果本身价值的夸大主要指对某项科研成果作出超过其本身价值的过高评价的行为。例如，在科研成果的鉴定时，一味追求最高评语，甚至把一般科研成果定为"国际领先"地位，填补"国内空白"等。

2000 年 10 月，在青岛召开的"2000 年中老年保健国际学术论坛暨中国保健品国际博览会"上，一种所谓的"核酸基因营养品"获得金奖。2001 年 1 月，《光明日报》又发表了《让生命核酸造福人类》的署名文章，在文章中某著名基因科学家将生命核酸吹嘘成"不老仙丹"，中国生物化学与分子生物学会、中国保健科技学会等学术组织也为核酸的神奇进行宣传。然而，2001 年，英国《自然》杂志刊登了一篇题为《中国的希望与炒作》的文章，直指核酸的炒作行为。2001 年 3 月 6 日，诺贝尔奖获得者沃森在一封信中否认核酸有营养功能，另外三名诺贝尔奖获得者也先后在不同的场合否认了核酸的营养价值[1]。邹承鲁院士也认为，核酸具有免疫调节功效或其他一些功效的说法站不住脚[2]。目前的研究也没有提供可信证据表明摄取外源性核酸具有增强人体免疫力等功能，在无确切研究结论的情况下对核酸功效的夸大宣传只能是一种炒作。

2000 年 8 月，国内曾对美籍华人科学家陈晓宁进行了连续报道，称她是"世界基因研究领域的杰出人才"，"世界生物科学界顶尖级人物"，其所带回的三大基因库"标志着我国已成为继美国之后掌握最顶级基因技术的又一个国家"，是"目前世界上独一无二、价值尚无法估量的三大基因库"，随后陈被聘请为国家基因组北方中心分子细胞遗传实验室主任及教授。但不久由 88 位科研工作者联名签发的公开信中指出，陈女士带回国的三个基因文库对中国基因工程的研究和应用是有益的，但这类文库的建造和使用采用常规化的技术，其价值绝非"无法估量"，更不是"世界上独一无二"，同时对陈晓宁在国际上的学术地位和其担任"国家基因组北方中心分子细胞遗传实验室主任"的合理性提出了质疑，邹承鲁院士也指出把科学信誉卷入商业炒作，必将损害中

---

① 冯坚，王英萍，韩正之. 科学研究的道德与规范. 上海：上海交通大学出版社，2007.116
② 李虎军，朱鹏程. 邹承鲁："核酸风波"不是学术之争. 南方周末，2001-08-24

国科技界的形象和长远利益。①

第五节 科研成果发表阶段的不端行为

科研论文在专业期刊上发表是科学共同体内部交流的主要方式。这种方式有两个意义：其一，论文的正式发表等于宣布了该项研究中新贡献的优先地位；其二，论文从少数评议人范围扩大到整个专业共同体，实际上是提供了进一步评价该项研究的机会。当今学术刊物和论文的繁荣将极大地促进科学研究的繁荣发展。然而，随着论文发表数量的急剧增多，这一阶段的学术不端行为也在不断增加，主要表现在以下几个方面。

一、科研成果不当署名

署名权即作者在作品上署名的权利，它表明了研究者对研究的不同贡献度。同时，署名也是文责自负的承诺，即作者对已经发表的论文负有政治上、科学上和法律上的责任。署名权原本属于对研究内容有着实质性贡献，并表明对所发表的论文负有责任的人。然而，在当今科研活动中，这一原则正变得模糊不清。由于合作研究形式的普遍化，在某个成果上，参加者共同署名原本是合理的，但是，许多原本不具备署名权的人也被列入进来，基于切实贡献的署名行为正在向礼节性署名、馈赠性署名以及照顾性署名的方向发展。针对美国5家基础医学杂志和5家临床医学杂志4名以上作者署名的200篇论文所做的调查表明，三分之一的合著者不符合1985年国际医学杂志编辑委员会的署名权定义。针对《英国医师协会》这样综合性杂志的调查显示了基本一致的结果。对《美国伦琴射线学杂志》的调查表明，从制定研究计划、数据分析、执笔等拥有署名权必备的条件看来，不具署名资格者占17%，在作者人数为3人的论文中，不具署名资格的作者所占比率为9%，而在作者人数为7~10人的论文中，这一比例上升到了30%，可见，作者人数和署名权中的不端行为是呈正相关关系的。②

1993年《新英格兰医学学报》上刊载的一份临床试验报告共有972人署名，平均到每个作者只有两句话。1994年《新英格兰医学学报》上的关于慢性肾病的临床实验报告除标题处的7位作者外，还有263人被作为作者添加在附录里。而据《科学》杂志的统计，按照论文的署名情况，俄罗斯的结晶化学家斯特拉科夫（Y. Struchkov）十年内总共发表了948篇论文，平均每3.9天发表一篇论

① 张咏晴，江世亮. 给科学界过度炒作泼点冷水. 文汇报，2000-10-11
② ［日］山崎茂明. 科学家的不端行为：捏造·篡改·剽窃. 北京：清华大学出版社，2005.120

文。而匹兹堡大学的移植外科医生斯塔泽尔（T. E. Starzl）1991 年平均每 2.4 天便发表一篇论文，而他们究竟对科研成果作出了多少实际贡献是颇令人怀疑的。在对震惊德国科学界的赫尔曼－布拉赫（F. Herrmann，M. Brach）事件的调查过程中发现，在赫尔曼 1985~1996 年发表的 94 篇存在不端行为的论文中，德国著名的白血病专家迈尔特斯曼（R. Mertelsmann）参与了 59 篇的署名，迈尔特斯曼事后也承认："我并不知道赫尔曼实验的具体内容，只是作为礼节而出现在作者的名单里。"①

二、侵占他人科研成果

侵占他人科研成果是指拥有学术权力和行政权力的个人或集体，为谋取个人私利或集团利益滥用权力占有他人研究成果的行为。现代科研活动的职业化和集约化在催生了科研成果增长的同时，也使得科研活动传统意义上的智力结合模式逐渐为商业性交换模式所侵蚀。现代科研机构任人唯贤的制度正逐渐演化成为利益博弈的游戏，学科带头人或者科研活动的管理者往往会利用其所拥有的权力和在控制资源和荣誉方面的影响力获取对下属科研成果的占有权。

1967 年 8 月 8 日，剑桥射电天文台的女研究生贝尔发现并记录了一种射电信号。她的导师休伊什（Antony Hewish）认为这有可能是地外文明发出的信号。可进一步的观测表明，那是一种新型的天体，即现在通常所说的脉冲星。贝尔随后在过去的观测资料中又找出了 3 个脉冲星。1968 年 2 月，贝尔和休伊什联名在《自然》杂志上报告了脉冲星的发现，并认为脉冲星就是物理学家预言的中子星。这是 20 世纪的一个重大发现，于是，研究组组长安东尼·休伊什"就理所当然地因为在发现脉冲星的过程中起了决定性的作用"而获得 1974 年度诺贝尔物理学奖，贝尔的工作则被忽略了。直到 1975 年 3 月，著名理论天文学家弗雷德·霍尔才披露这件"丑闻"。尽管休伊什进行了申辩，但在事实面前，该事件还是受到了诸多科学家的指责，休伊什的获奖也成为诺贝尔奖历史上一桩著名的丑闻。②

在我国，随着社会经济的不断发展和权力、公平意识的深入人心，这类不端问题也越来越多地得到关注和披露。原上海某大学法学院院长潘某某原是一个中学化学老师，在进入法学界不到 10 年，同时担任三个学院院长、公务繁忙的情

---

① ［日］山崎茂明. 科学家的不端行为：捏造·篡改·剽窃. 北京：清华大学出版社，2005. 97, 115, 118

② 卢天贶. 沽名钓誉：鲜为人知的科学丑闻. 长沙：湖南科学技术出版社，1999. 40~46

况下，出专著近 10 本，论文一大批，著述总共达上千万字。一些法学专家称他的 10 年"抵得上一个师出名门、用力甚勤的天才的一世成就"。然而后据披露，某讲师的 7 篇论文被潘某某强行拿去冠上自己的名字发表，某老师的论文也被一字不差地搬入潘某某的著作，同时潘某某还利用权力侵占了其他老师的一些科研成果，但他们多保持沉默，因为"潘某某在法学院根基很深"，这个例子被人称为用权力写作。①

在等级制的科研环境中，在利益博弈的挤压下，科学本身圣洁的光环正逐渐退去，研究者之间兴趣的一致及对真理的共同信仰正被共赢的利益关系所取代，对真理的追求也逐渐成为一种偶然的副产品。这无疑会造成基层科研人员的匿名效应，降低其研究的责任感和积极性，进而对创新性国家战略以及整个科技环境产生不良的影响。

三、盲目追求论文数量

公开发表的科研论文数量，往往标志着一个科学家科研水平和科研能力，以至成为现今科研工作者获得同行承认，取得职业地位的重要依据。在科学活动职业化的今天，要想获得成功，科研人员必须尽可能拿出自己有分量的科研成果，唯有如此，才能得到同行的认同以及政府的资助。因此适度的量化评价具有简化评价标准体系、提高评价效率等优点，但是学术评价的定量化取向乃至"数量至上"，却使当今的科研工作者过于关心和追求论著的数量和规模，淡化质量意识，从而导致大量的无效和重复劳动。尤其在我国，学术界普遍以论文和科研成果的多少来衡量科研能力和科研水平，不仅造成科研资源的巨大浪费，而且导致学术界浮躁风气的蔓延。因此，在科学评价中，片面追求论文发表数量已经成为一个突出的问题。

目前少数科研人员单纯为了追求论文发表数量而不惜采用超越常规的行为，这类行为的第一种情况是化整为零。即把本可以作为一篇文章发表的成果拆成几个部分甚至写成系列文章在不同杂志上发表。这些零碎发表的文章之间有着很高的相关性，从而造成部分重叠，甚至重复。美国《医学索引》的编辑巴克拉克曾举过一个例子说明这一不良行为，他说："有一个我很熟悉的例子是一项研究影响疾病发生的几个变量关系的流行病学研究课题。这项工作本来可以写成一篇文章发表，但竟被分成了几篇很短的文章送给三家杂志发表。"② 国家自然科学基金委员会监督委员会 2005 年第 1 期简报中也披露李某某将其基金资助项目的

---

① 杨守建. 学术出版界面临的紧迫问题. 学术界, 2000, (6): 152
② [美] W. 布罗德, N. 韦德. 背叛真理的人们. 上海: 上海科技教育出版社, 2004.39, 40

一个研究成果分成 3 篇文章发表的情况，并责成项目依托单位对李某某这种不严谨的学风给予批评教育。第二种情况是由于片面追求论文发表数量而表现为署名上严重不负责任的行为，即在自己根本未参加工作的研究论文上署名及彼此互相署名，这样如果每人实际上只做了一项研究工作却各发表了两篇论文。例如，前文提到的耶鲁大学的费立格教授，据称发表了 200 多篇论文，但以他一人署名的却只有 35 篇。而匹兹堡大学的移植外科医生斯塔泽尔更是创下了平均每 2.4 天发表一篇论文的记录等。据费城为 2800 种杂志编索引的科学信息研究所统计，1960～1980 年每篇论文的作者平均数从 1.76 个上升到了 2.58 个，虽然导致上升数字的一个原因可能是由于大科学时代合作研究形式的普遍化，但同时也不能否认的是作者数量的增加与研究人员过度追求论文发表的数量而毫无道理地增加合作者有关。前任斯坦福大学校长 T. 肯尼迪曾就过度追求论文发表数量的行为指出："我希望我们可以同意从数量的意义上用研究成果作为任用或提升的一项标准是一种不合适的思想……平庸学识的过度生产是当代学术生活的最为夸大其词的做法；它会因单纯的篇幅而隐匿了真正重要的著作，它浪费了时间和宝贵的资源。"①

四、科研论文一稿多投

自 20 世纪后半期以来，由于信息及交通技术的高速发展以及科学共同体内部降低出版能耗和费用等诉求，研究者们逐渐认识到将本质内容相同或类似的论文在两种以上的杂志上进行发表是不可取的。因此，"一稿多投"已经成为现今科研活动中的典型不端行为，它主要是指科研论文作者同时或在较短的时间内将同一篇论文或内容相似的论文投给两家或两家以上学术期刊或其他学术论文出版机构的行为。

目前所披露的一稿多投主要有两种情况，一种是指在同一时间内将同一论文投给两家或两家以上学术出版机构，从而增加发表概率的行为。这种行为在有时间压力，如面临毕业的研究生等科研群体中较为常见，这是一种典型的违反投稿规范的行为。近年来随着相关出版单位投稿规范的明确以及科研工作者投稿规范意识的增强，这种现象会逐渐减少，况且这类完全相同科研论文在多个期刊上发表，在科研成果评价中起不到增加数量的作用。第二种情况是对同一论文的相关内容稍加改动后（包括论文题目）进行的再次投稿行为。随着科研工作者对论文数量和规模的追求，这类一稿多投行为正呈逐渐增多趋势。1996 年《日本眼

---

① ［美］J. 里茨尔. 社会的麦当劳化——对变化中的当代社会生活特征的研究. 上海：上海译文出版社，1999. 112

科学会杂志》进行的关于一稿多投的问题争论中，日本某科研人员在美国利品考特出版社的《网膜》和《日眼会志》上同时发表了视网膜中心静脉闭塞症的论文受到另一位科研人员的质疑，在给编委会的信中他指出，两篇论文只是在数据搜集期限和病例数量上有所不同，《网膜》上的论文中共搜集了1983～1994年的136例病例，《日眼会志》上的论文则收集了1983～1995年的150例病例，在数量上多出了14例。"两篇论文只是在使用语言以及使用的病例上有细微的区别，而在结论上并没有任何不同。"① 另一位研究人员于1995年在瑞士巴塞尔发行的《耳鼻咽喉及相关学科杂志》和德国的《欧洲耳鼻咽喉科文献》上发表的两篇文章也受到了巴塞尔大学耳鼻喉科教授普罗布斯特（R. Probst）的警告，他认为这两篇论文只是在调查时间和病历上有一点不同，其余内容都是一样的，因此也属于一稿多投行为。②

国家自然科学基金委员会监督委员会在2005～2007年的4期简报中也披露了7例一稿多投的案例，占全部不端行为的12%，其中张某某、马某某发表的标有该基金资助的论文一稿四投，受到了国家自然科学基金委员会的书面批评。另一位科研人员杨某某与他人合作的论文中共有7篇论文（1996年前3篇，1999、2000、2002、2003年各1篇）存在一稿多投的现象，其中标注有该基金资助的论文有5篇，杨某某以第一作者身份发表的占4篇。随着现代科研竞争压力的增加，一稿多投现象也逐渐增多，它不仅扰乱了科研期刊正常的编辑出版工作，而且浪费了有限的科研资源。

五、科研成果传播失范

科学发现的优先权是指科学家对其首先作出的科学发现的所有权。虽然这种所有权基本上是象征性和荣誉性的，但它却表达了科研同行对其研究水平和成果的承认。在科学共同体体制性规范的要求中，鲜明地体现了科学共同体对独创性的崇尚和追求，而这就是科学发展史上不断出现的"优先权之争"的根源所在。许多学者倾向于把科学描绘成献身于一个共同目标即追求真理的同行组合，但这并未构成科研活动的完整图景，在很多时候科学研究同时也是不同的科研主体为争夺第一名而展开的激烈竞争。然而，在科学共同体内部，对优先权的争夺同时导致了科研不端行为的发生，即为取得研究的原创性而以非正式方式或未经确证就公布研究结果的行为。

以非正式方式公布科研成果的第一种方式是未通过科学共同体所认

---

① ［日］山崎茂明. 科学家的不端行为：捏造·篡改·剽窃. 北京：清华大学出版社，2005.71
② ［美］W. 布罗德，N. 韦德. 背叛真理的人们. 上海：上海科技教育出版社，2004.75

可的标准途径公布研究成果。就科学活动而言，成果的发布是研究得到的数据、理论、诠释等进入了公众领域的重要步骤。目前，在同行评议的学术期刊上发表是科研成果得以传播的标准手段，因为这既宣布了研究主体对于研究成果的优先权，也是成果进一步接受同行检验的良好途径。但少数科研人员基于优先权的考虑而出现了通过传媒等非标准途径公布研究成果的事实，这种做法虽然有助于拓展科学界的交流方式，加速科学知识的传播和修订，但由于传统科学活动质量控制机制的缺失，可能会对整个科学活动的诚信基础和科学的公众形象造成威胁。

以非正式方式公布科研成果的另一种主要方式是发表不足以使别人进行重复实验的论文摘要，有时甚至是在工作尚未完成的情况下就发表定性结论。原哈佛大学医学院院长埃伯特曾说："实验的结果还没出来，就把它写成论文的提要加以发表，这种风气很坏。应该特别强调科学的准确性，不能再容许任何人那样做。这是当代的一个道德问题。"① 有少数科研人员乃至研究机构基于优先权方面的考虑，为防止成果的泄密和取得优先权甚至不惜采取误导的手段。例如，公布中间成果时，故意报告虚假的甚至错误的东西，许多科研人员承认，在向提供资金的机构呈交的报告中"存在许多含糊的甚至假的东西……如果他们的竞争对手试图使用他们的资料的话，会使他们脱离正确的轨道"②。这种"借助欺骗的手段以保证其工作成果不被剽窃"的做法背离了科研活动公有性规范的内在要求，也是一种严重的不端行为。

科研成果不规范传播的另一种方式是仓促公布研究成果，即某些科研主体为获得科研的优先权而在未经确证的情况下公布科研成果的行为。1962 年，苏联科学家德佳奎因连续发表论文，宣称水在石英玻璃毛细管中加热后性质反常，要在500℃沸腾，−8℃才结冰。接着，不少国家的科学家纷纷参与这一研究，美国著名的光谱学家利平科特声称他用拉曼光谱研究后证明这种水是在石英表面上聚合成的，这就进一步鼓舞了世界各国的科学家，使他们狂热投入该项研究。1962～1973 年，世界上发表了有关"聚合水"的学术论文有 450 余篇，然而1973 年分析化学家罗西友以一种巧妙而又令人信服的方法证明，"聚合水"不过是溶有钠、钾、氯离子和硫酸根的水。始作俑者德佳奎因也不得不发表声明，承认其在未弄清真相的情况下就公布了这一发现，"聚合水"确实是溶解了石英管上杂质的水。随着德佳奎因的澄清，"聚合水"这一"伟大发现"就此告吹。③

在 1999 年世界重大科技新闻中，美国伯克利国家实验室的科研人

---

① W·Broad. Harvard Delays in Reporting Fraud. Science，1982，215：478～482
② ［美］M. 乔可斯基. 科学质量. 北京：科学技术文献出版社，1987. 165
③ 何京. 震惊世界的十大科学欺骗. http://www.jllib.cn/library/magazine/20070410k.htm. 2007-04-10

员因发现了两种新的超重化学元素——118 号和 116 号元素而备受瞩目。然而，在接下来的时间里，德国、日本的科研人员，甚至伯克利实验室在重复 118 号元素的实验时均未成功。调查小组重新分析原始数据后，发现实验中的一项重要指标，即与超重元素衰变相伴产生的大量 α 粒子，根本就是子虚乌有。科研人员中唯一有权接触原始数据的科学家尼诺夫很快被解雇。有科学家指出，伯克利实验室之所以急于宣布发现了 118 号元素，是因为怕俄罗斯同行走在自己的前列，因为伯克利实验室的竞争对手——俄罗斯杜布纳核研究所的科研人员同一时期也正在从事人工合成 118 号元素的尝试。① 正是由于对优先权的渴望才使得伯克利实验室在没有经过充分论证的情况下就急于公布这一发现，从而酿成了这一震惊世界的不端事件。

通过以上的分析我们可以发现，科研不端行为已经存在于科研活动的各个阶段。作为一个经验性和开放性的概念，科研不端行为的内涵和外延也必将随着科研活动的发展而演进。就目前的研究实践而言，随着学科交融趋势的日益明朗和新兴学科的兴起，科研不端行为的界定正面临着激励"有创新性的研究"和抑制不端行为之间的双面问题，例如，对于生命科学领域内某些问题的考量和界定就十分困难。而随着项目研究模式主导地位的逐步确立和利益因素的驱使，在项目申报过程中也出现了一些新的问题，如查新不完全、项目的重复申报、一题多报等。此外，作为社会活动子系统的科研活动也未能摆脱整体社会氛围的影响，项目申请和审批中的腐败行为还是客观存在的，这些是否应纳入科研不端行为的范畴目前也颇有争议。而随着科研交流的日益频繁，在兼职、交流的过程中也会发生涉及不端行为的纠纷，等等。这些问题需要我们持续的关注和研究。因此，作为操作性定义，"科研不端行为"必然是过程性的，它需要以科研活动的实践为基础，通过规范科研活动的实践而不断完善。

---

① 董映璧. 科学研究中的真与假. 科技日报，2002-08-23

第四章　科研道德的建设

　　科学不仅是庞大而严整的知识体系，而且是当代社会令人注目的文化现象。科学家不仅是掌握科学知识，埋头于科学研究的专业人士，而且是承载着重大责任的社会角色，是当代"一切社会关系的总和"。① 也就是说，随着人类社会进入工业社会和后工业社会，科学和科学家逐渐失去其原来个体性、纯粹的哲学意味和思辨色彩，其文化属性变得越来越复杂，社会性越来越强。正如路甬祥所说："社会对科学技术表现出强烈的关注与需求；科学活动的规模和空前的发展速度，则表现对社会越来越大的依赖。科学社会化和社会科学化的进程正在迅速发展。"②

　　今天，科研活动个体性、纯粹性和非功利性的时代已经终结。我们已经来到所谓的"大科学"时代③。所谓"大科学"，就是投资强度大、研究目标大、项目规模大，不仅需要昂贵、复杂的大科学装置和实验设备，而且多学科交叉，参与人数众多。从运行模式来看，大科学研究有科学家个人之间的合作，有科研机构或大学之间的合作，还有政府间的国际合作。例如，人类基因图谱研究、国际热核聚变实验研究、欧洲核子研究中心的强子对撞机 LHC 等。科学家获得了社会巨大的物质支持，必须以精神产品回报社会。科研活动与社会的联系越来越密切。"科学技术是第一生产力。"④这一著名命题就阐明了科学技术对于当代经济和社会发展的重大意义。此外，科研活动是现代文化生活的一部分，理应将其置身于现代人类社会生活的图景中进行考量。

　　科学的社会化是人类文化发展的必然结果，也是科学自身发展的内在需要。科学哲学家瓦托夫斯基说："从哲学的最美好和深刻的意义上说，对科学的人文主义理解，就是对科学的哲学理解。"⑤在当代社会，科学研究是一种社会分工，

　　① 马克思，恩格斯. 马克思恩格斯选集. 第 1 卷. 中共中央马克思恩格斯列宁斯大林著作编译局编译. 北京：人民出版社，1995. 60

　　② 路甬祥. 科学的历史经验与未来. 上海：上海科技教育出版社，1999. 20

　　③ 值得注意的是，科学哲学中不同流派产生的现实基础对应不同特征的科学实践。如果说以欧几里得为代表的古代科学对应的是西方传统的形而上学，那么，培根开创的现代实验科学对应的就是石里克、卡尔纳普为代表的维也纳学派和以波普尔为代表的批判理性主义，与当代"大科学"相对应的则是以库恩、费耶阿本德为代表的历史主义和科学人文主义。从波普尔真理符合论的"证伪"到库恩不可通约性的"范式"和费耶阿本德对科学理性的"解构"，科学哲学最终完成了大科学时代向文化哲学的演变。

　　④ 邓小平. 邓小平文选. 第 3 卷. 北京：人民出版社，1993. 274

　　⑤ M. W. 瓦托夫斯基. 科学思想的概念基础：科学哲学导论. 北京：求实出版社，1982. 588

是一种职业；科学家与工人、农民、商人一样，他们都是一定行业的从业者。"现代科学已成为社会和国家的事业，专门从事科技活动的社会成员也空前增加。科技立法、科研管理部门、国立研究机构、研究教学型大学、科学基金会、企事业研究开发部门、科学学会、国际性科学组织等形式不断发展，已经成为一种完整的社会建制。这一建制树立了自己的科学目标、科学精神、科学价值观、科学道德规范、科学活动的方式和方法并与政治建制、经济建制、文化和教育建制等相互影响，决定着国家、民族和人类的文明进程。"①因此，科学建制中的科学家以及整个科学共同体与政治建制、经济建制、文化和教育建制的其他社会成员相比，只有职业分工的不同，他们同样应该受到道德规范的约束，不应该有道德上的超越性。过去关于科研活动自主性和科学共同体自律性的默顿学说，已经不适应现代科研发展的要求，国内外屡屡出现的科学主体道德失范现象已经验证了这一点。本书第三章论及的种种科研不端行为就是对现实社会科研实践中已经发生的科研道德失范案例的概括和提炼。

在当代社会，导致科研主体道德失范的原因是非常复杂的，除了科研活动自身存在着科学激励机制与科学规范结构的内在冲突以外，还有诸多社会环境方面的外在原因。因此，仅仅依赖科学界的自律是不够的，必须加强外在的管理力度。科研道德建设和科研活动管理必须从组织建设、制度建设、理论建设和教育培训等多方面着手。

第一节　科研道德的组织建设

一、国际科研道德组织机构概况

科研道德问题是国际性问题，包括联合国在内的一些国际和地区性组织十分关注科研不端行为等科学道德问题，并设立专门机构研究这些问题。世界许多国家政府和科研管理机构都非常重视科研诚信和科研道德建设，特别是那些科技发达、社会现代化和法制化程度高的国家，从20世纪80年代就开始成立科研道德建设的组织机构。这些组织机构有的属于政府的官方管理单位，有的是大学和科研单位的分支机构，有的是学术组织、专业协会和基金会设立的相应分支机构。

（一）全球性的国际机构

从总体上看，几乎所有的与科学文化有关的国际组织都非常重视科研道德问

---

① 路甬祥．科学的历史经验与未来．上海：上海科技教育出版社，1999.20

题，如联合国教科文组织。有些国际组织虽然与科学文化没有直接的关系，但由于当代科学技术具有无限的渗透性，总会或多或少间接地对这些国际组织产生影响。因此，这些国际组织为了防止在双边或多边经济技术合作中发生科研不端行为，它们也对科研道德问题给予高度关注，例如经合组织。还有一些专业性、针对性很强的国际组织，它们的存在理由就是促进科学发展，维护科研道德，例如国际科学联合会（ICSU）、科技道德世界委员会（UNESCO）、科学责任与道德常务委员会（SCRES），等等。由于国家主权、政治制度、法律权限等因素的制约，国际性的科研道德组织的职能具有局限性，它们在科研道德建设方面主要通过沟通协调、宣传引导来发挥作用。

1. 联合国教科文组织

联合国教科文组织（UNESCO）是联合国的专门机构，是各国政府间讨论教育、科学和文化问题的国际组织，成立于 1946 年 11 月。截至 2007 年 10 月，联合国教科文组织有 193 个成员，总部设在法国巴黎，宗旨是通过教育、科学和文化促进各国间合作，为和平和安全做出贡献。在联合国教科文组织的活动中，科研道德是一个重要议题。联合国教科文组织设有能源、水、信息、外层空间、环境 5 个道德委员会，涉及广泛领域的道德问题，其中自然也包括对科研道德的关注。1998 年，联合国教科文组织创立世界科学知识和技术伦理委员会（COMEST），其宗旨是为在敏感的科技领域工作的决策者制定伦理原则，为其提供并非完全以经济学为基准的尺度，并建立和推行科技研究及应用领域的道德标准和行为准则。2003 年 12 月 1 日，世界科学知识和技术伦理在巴西里约热内卢召开为期 4 天的委员会第 3 次会议，各国代表就各领域的科技研究及应用的道德问题展开讨论，为推动世界科研道德水平的提高产生了积极的影响。

2. 经济合作与发展组织、国际科学联合会和国际出版伦理委员会

经济合作与发展组织（OECD）是促进成员国经济和社会发展，推动世界经济增长的一个政府间国际组织，成员国包括美国、日本和欧元区国家。经合组织有 200 多个专业委员会和工作小组，主要关注经济问题。这些机构经常举行会议，讨论研究该组织中各成员国的经济发展现状及其前景，并就国际经济、金融及贸易等方面的问题提出相应的对策和建议。由于科技对经济的影响力越来越大，经合组织开设了"全球科学论坛"，并在该论坛的框架上设立"预防科研不端行为专家组"，目的是为了防止在双边或多边的科技合作中发生科研不端行为。2007 年第 1 届世界研究诚信大会以后，全球科学论坛立即启动相关程序，根据大会讨论的世界科研诚信的情况，起草行动报告，计划针对国际科研合作中可能出

现的科研诚信问题，由美国和加拿大牵头，积极采取应对措施。

除此以外，世界研究诚信大会、世界科学大会、国际科学联合会（ICSU）和国际出版伦理委员会（COPE）等国际组织在最近几年也采取了一些行动，积极应对全球不断出现的科研道德问题。

（二）地区性的国际机构

1. 欧洲科学基金会

欧洲科学基金会（ESF）成立于 1974 年，由欧洲 29 个国家所属的 76 个科研与赞助机构组成，其宗旨是通过协调各国的科研项目和网络，集中著名科学家和科研资助单位，共同就欧洲的科学研究工作进行讨论、计划与部署，以推动欧洲高水平科研的发展。2000 年 12 月，欧洲科学基金会就科研道德问题发表声明。该声明指出，要想维护科研领域的纯洁性就必须在研究和学术方面建立严格的行为规范，这种规范是科研成果真实性的保证。基金会保证，全力支持和促进在研究和学术领域制定严格的科研行为规范，并将一个研究所是否制定了科研行为规范和调查不正当行为的程序，作为研究资助的重要条件之一。基金会的声明还提出了一个重要设想：建立一个全欧洲的组织机构，从而加强各国对科研道德管理工作的部署，并为来自地方和国家的科研不端行为调查委员会提供技术支持和咨询服务。2006 年，欧洲科学基金会下属的欧洲空间科学委员会（ESSC）发布了《欧洲科学基金会空间科学委员会战略规划》，认为 ESSC 和 ESF 常务委员会、专家委员会共同感兴趣的行动有 6 个，除了全球环境和安全监测（GMES）、极端环境下的生命研究、空间天气、极地天文学和人类对太阳系探测 5 个方面的内容以外，还包括科研管理方面的"科学道德准则"。

2. 欧洲委员会和欧洲科学院

欧洲委员会（COE）于 1949 年在伦敦成立，原为西欧 10 个国家组成的政治性组织，现已扩大到整个欧洲范围，组织的性质也突破了政治的范围，谋求在政治、经济、社会、人权、科技和文化等领域采取统一行动，并经常对重大国际问题发表看法。欧洲委员会的宗旨包括在欧洲范围内协调各国社会和法律行为，促进实现欧洲文化的统一性。在防止科研行为不端、惩治学术腐败方面，欧洲委员会积极行动，协调欧洲各国和相关组织举办学术会议，制定科研诚信方面的政策法规。2007 年 9 月的里斯本世界研究诚信大会以后，欧洲委员会根据科研诚信专家小组的报告，筹划了一系列的项目，包括促进提高纳米科学研究领域的诚信度等方面，并征集各方面对科研道德建设的建议，特别是涉及出版领域诚信建设的建议。

欧洲科学院（ALLEA）是英国皇家学会等多个欧洲国家的科学院共同发起成立的一个包括东、西欧国家的区域性科学组织，其学科领域涵盖人文科学、社会科学、自然科学和科学技术等众多学科，在欧洲享有崇高的声誉。欧洲科学院具有非基金组织性质，不是研究具体科学的机构，不设置培训项目、基金和学术课题。科学院最高机构为欧洲科学院全体委员会，下设成员科学院联盟、执行委员会、常务委员会、专家小组。欧洲科学院的主要职能是促进成员科学院之间的信息和经验交流，通过各个成员科学院为欧洲科学界和科研团体提供建议，促进科学繁荣，提高民族素质。科研诚信和学术道德建设是欧洲科学院的重要职能。

另外，欧洲科技促进会、欧洲出版道德委员会（COPE）、亚洲研究理事会等地区性国际组织也十分关注科研道德问题，并积极开展活动，应对科研不端行为和学术腐败。

（三）各国政府机构

1. 美国科研诚信办公室和监察长办公室

与上述国际性科研道德组织相比，各国政府和科研机构组建的科研道德组织往往能够采取行政的、法律的、经济的手段和具体措施。它们可以根据各自具体的情况，有针对性地制定道德规约和法律规章。一方面，通过正面宣传，积极引导考研人员开展负责任的科研；另一方面，对于科研不端行为可以切实有效地采取处罚措施，让相关责任人承担劳动法方面的、学术职衔方面的、民法甚至刑法方面的后果。目前，世界上大多数国家都成立有各级各类的科研道德组织，它们的职能特征、运作方式、作用和影响差别很大。一般来说，科技发达、科研水平高、社会法制化程度强、社会整体道德水平高的国家和地区的科研道德组织对我们更具学习借鉴的价值。加之本书篇幅所限，我们仅仅选择性地介绍美国、丹麦等几个国家的科研道德组织。

美国是世界科技最发达的国家，也是最早提出科研道德问题，重视科研诚信建设，并积极开展相关问题研究的国家。20 世纪 90 年代，由于"巴尔的摩事件"等几个涉及科研不端行为的典型案例相继曝光，美国社会各界深切地认识到，必须重视科研诚信体系的建设，强化对科研不端行为的监管，以确保科学研究的纯洁性。美国联邦政府早在 80 年代就在廉洁与效益总统委员会之下设立了"科研不端行为工作组"。2000 年 12 月，美国白宫科技政策办公室颁布《关于科研不端行为的联邦政策》。为了促进各个政府机构贯彻落实这一"联邦政策"，白宫科技政策委员会成立了部门间协调小组，协助各政府机构制定具体贯彻落实

"联邦政策"的措施。美国政府机构都设有独立的监察长办公室（OIG），负责本部门的财务审计，防止欺诈、滥用和浪费，同时也负责本机构诚信标准的实施，执行对科研不端行为指控的调查。美国国家科学基金会下设的监察长办公室以及卫生和公共服务部下设的科研诚信办公室（ORI）是最著名的科研诚信监管机构，负责为申请或接受国家科学基金会和国立卫生研究所资助的大学和研究机构提供政策指导和技术协助，并行使科研行为评价和监管的职能，尤其是ORI，不仅在美国，在国际范围的科研管理和科研道德建设方面也具有很大的影响力。

2. 丹麦学术不端委员会

丹麦学术不端委员会成立于1992年，是丹麦调查处理科研不端行为的最高国家机构。其最初属于丹麦医学研究理事会，只是调查生物医学领域的科研不端行为，后来划归丹麦研究部和丹麦科学技术和创新部管理，调查范围扩展到了全部学科领域。丹麦学术不端委员会下设3个子委员会，分别是卫生和医药科学委员会、自然技术和生产科学委员会、文化和社会科学委员会。委员会主席由一名最高法院法官担任，其他6名成员以及6名候补者则由来自各研究领域的知名研究人员担任。主席由科学技术和创新部任命，成员和候补者则需经过丹麦独立研究理事会听证后再由科学技术和创新部任命。任期一般为4年，可继任2年。

丹麦学术不端委员会主要处理那些对丹麦科学研究来说非常重要的学术不端案件，只要委员会认为该案件对于社会利益或人类健康具有重要意义，无论是否有控方，委员会都会展开调查。委员会认为通过演讲和出版活动促进良好的科学实践也是他们极其重要的职责之一。1998年委员会出版的《良好科学实践指南》是一本科研道德教育的参考读物，在研究人员陷入科研不端行为困境的时候，为他们提供有益的指导和帮助。委员会每年还出版一份年度报告，通报当年处理的案例情况和丹麦国内科研诚信的现状以及发展趋势。丹麦政府认为将所有学科的科研不端行为的调查和监管集中到一个独立的外部机构，对于克服研究机构因自查可能带来的痼疾，确保丹麦的科研诚信具有重要的意义。

3. 芬兰研究道德国家顾问委员会

为了处理科研中的道德问题，推动国家科研道德的进步，芬兰于1991年成立国家研究道德委员会，2002年3月1日更名为"研究道德国家顾问委员会"。委员会由10名委员组成，其中包括主席和副主席各一名。委员来自大学、国家技术局、芬兰科学院和公共卫生研究院。芬兰教育部负责每位委员的提名，并为研究道德国家顾问委员会聘任秘书长和秘书。委员会每届任期3年。委员会的职责有如下5项：① 针对研究道德的立法等事宜发表声明，向政府和有关部门提出建议；② 作为一个致力于解决那些涉及研究道德问题的专业团体；③ 倡导并推进研究道德建设，支持有关研究道德的讨论；④ 跟踪本领域的国际发展，积极参与国际合作；⑤ 开展相关的宣传活动，让公众了解研究道德。

除了研究道德国家顾问委员会以外，芬兰应对和处理科研道德问题的国家级组织机构还有农林部的实验室动物科学合作组、社会卫生部的医学研究道德委员会等。芬兰政府认为，科研的道德可接受性和研究结果的可信度要求人们必须严守良好的科研规范。

4. 波兰科学伦理指导委员会

该委员会成立于 1994 年，隶属波兰科学高教部，由委员会主席和 6 位委员组成。委员会的主要职能是监察、评判科研中涉及的伦理问题以及相关的科研实践问题，发布科研行为准则，对科研人员的科学行为进行规范指导，管理和指导地方和部门伦理委员会。2004 年 5 月发布的《良好科学行为准则》对抄袭、剽窃等科研不端行为作了明确定义，规定了良好科研行为的具体要求，并制定了处理科研不端行为的程序和办法。

(四) 科研机构、专业协会和基金会的内部组织

1. 德国马普学会的科学道德监督委员会

马克斯·普朗克科学促进学会是德国最负盛名的、政府资助的全国性的、非盈利的独立研究机构，前身是成立于 1911 年的威廉皇家学会。学会的主要任务是支持自然科学、生命科学、人文和社会科学等领域的基础研究，支持开辟新的研究领域，长期与高等院校合作并向其提供资助。马普学会所属的科学道德监督委员会在科学道德的建设和科研行为的监管方面成果卓著。1997 年，马普学会以列举的方式，把"科研不端行为"概括为 3 个方面：其一，在学术活动中故意或严重失职的虚假陈述；其二，侵犯他人的知识产权；其三，蓄意地妨碍他人的研究工作。另外，如果参与他人的科研不端行为，或对他人伪造数据知情不报，或在含有伪造数据的论文上署名，或监督者严重失察，那么当事人都应承担连带责任。马普学会积极协助政府对各级学术组织进行科学道德伦理方面的监督和制约，其制定的《科学研究中的道德规范》非常具体详尽，不仅有很强的理论性，而且有实践方面的可操作性，得到了国际科学界的肯定和认同。他们在科研不端行为的调查程序和惩处措施等方面的一些做法值得借鉴。

2. 法国科研道德委员会和科研诚信委员会

法国政府非常重视科研道德建设，总统亲自任命 40 位道德委员组成"国家

伦理咨询委员会"，对全国的科研行为进行专业对口的监督和制约，每年向总统汇报一次工作。前总统希拉克还曾建议成立"世界道德委员会"。在法国比较早地倡导科研诚信、反对学术腐败的科研道德监管组织是国家科学研究中心（CNRS）所属的科研道德委员会（COMETS）。该组织创立于1994年，不负责具体的科研不端行为个案的处理，主要承担相关的法规和条文的制定、政策咨询以及调解科研道德难题等职能。委员会对科研舞弊、科研成果的非法侵占等概念做出定义和解释，规定科研人员面对科研机构和社会，尤其是在科研评估、专家鉴定以及科研发展等方面所应该承担的责任和义务，规范科研人员的科研行为。

在法国影响比较大的科研道德组织是法国健康和医学研究院（INSERM）所属的科研诚信委员会（DIS）。科研诚信委员会创立于1999年1月1日，由研究院科研总司管辖。委员会由一名主席、一名项目主管和9名大区调解员组成。主席由科研诚信代表担任，负责委员会的全面工作，项目主管负责日常事务的处理，调解员负责地区性的科研诚信监管工作。DIS的日常工作是接受科研道德案件的书面申诉报告，在绝对保密的前提下备案，接着开展相关调查取证工作。一旦确认某项投诉属于可受理的案件，DIS将对案件的性质和严重程度作初步评估，决定是否采取地方解决的方案。如果问题比较严重，可以启动专家鉴定程序，并向研究院院长提出处理建议，最终由院长裁定。DIS的职能主要包括两个方面：其一，收集和处理涉及整个研究院及其下属机构的科研人员科研道德问题的申诉；其二，根据工作实践的需要，进一步完善科研道德方面的规章制度，广泛思考相关诉讼程序的合理性，探索预防科研不端行为发生的方法。

3. 波兰科学院科学伦理委员会

该组织于1992年建立，主要职能是认定和判断在科学发展过程中，新的科学领域和科学方法的产生而带来的新的伦理问题，发布科研道德管理方面的方针原则和规章制度。该组织1994年颁布的《良好科学行为系列原则和方针》经过两次修订，2001年公布第三版，对各个研究领域科研人员的行为规范都做出了详细规定。在波兰，除了国家层面的科研道德组织以外，还有各地方和部属的接近50个伦理委员会，负责对科研不端的个案进行调查、认定和处理的工作。

4. 东京大学科研行为规范委员会

日本科研不端行为屡屡发生，引起政府的重视和社会的关注。日本学术会议在2005年7月发布《科研不端行为的现状与对策报告》。2006年2月文部省设立"科研不端行为特别委员会"。日本的学术团体、研究机构和大学在科研道德的监管方面比过去有所加强，少数大学还成立了专门的组织，如东京大学。2006

年 3 月 14 日，东京大学举行新闻发布会，宣布关于研究行为规范的校长声明，并宣布设立"东京大学科学研究行为规范委员会"，负责科研不端行为投诉的受理、调查和裁定工作。

5. 麦吉尔大学研究政策委员会

加拿大科研机构和大学的科研道德建设工作积极主动。1994 年 1 月，加拿大三大科研理事会（医学研究理事会、科学工程研究理事会和社科人文研究理事会）联合发布《关于研究与学术诚信的政策》，对三大理事会的资助对象提出了科研道德的具体要求。加拿大的大学和研究机构都依据这个政策，制定了各自的防止学术不端、维护科研诚信的具体措施。这方面有代表性的是麦吉尔大学。麦吉尔大学研究生院设立的研究政策委员会负责科研道德的监管工作。研究政策委员会认为，研究者应该坚持最高标准的诚信，任何伪造数据、剽窃、违背公众利益和滥用科研经费等不端行为都是严重过错。

欧美的大学和学术机构基本上都有应对科研不端行为的组织机构和相关措施，但具体形式和运作方式不同。美国的大学和科研机构对科研不端行为负首要责任。一些大学为此设立了专门的组织，例如，杜克大学设立了学术诚信中心，加利福尼亚大学圣迭戈分校设立了负责任研究行为研究所。多数美国大学没有常设的科研道德委员会机构，只有发现了相关案件，才成立临时专门委员会，按规定程序调查取证。比利时政府则从法律上要求所有的大学和科研机构成立学术道德伦理委员会，负责受理科研项目的申请，为科研不端行为设立关卡，预防学术腐败。英国政府通过英国皇家学会和研究道德委员会总部，协助政府对各级科研组织进行科研道德方面的监督和管理。

纵观世界各国科研道德组织建设方面的情况，我们可以发现，科学发达的程度与科研不端行为的发生频率呈正相关，科研不端行为的发生频率又与该国政府和社会对科研道德组织建设的重视程度呈正相关。一个国家整个社会的道德观念、管理水平和法制化程度往往决定了这个国家对科研道德建设的重视程度。总体来看，丹麦、芬兰等北欧国家都设立了政府主导的科研诚信监管的外部机构，负责查处所有领域的科研不端案件。美国、加拿大和西欧国家则没有北欧那样的外部顶层机构，科研道德监管主要依靠研究机构和大学自身，国家级的科学道德委员会的主要功能是提供各领域的智力支持和政策咨询，制定监管规则与查处程序，向各级学术组织提出指导性意见，而不负责投诉的具体处理。

二、国内科研道德的组织建设

改革开放以来，我国的社会结构、经济制度和文化心理发生了很大变化。在社会主义计划经济向市场经济体制转轨的时期，由于很多制度尚未建立和配套，科技界也一定程度地存在着急功近利、学风浮躁、追逐名利、弄虚作假等问题，科研不端行为成为社会转型和科研制度改革的一种副产品，严重地影响了科学界的声誉和科学工作者的整体形象。特别是 20 世纪 90 年代以来，科研不端行为的案例频繁地在社会上曝光，引起了政府有关部门和科研机构的高度重视，纷纷出台了应对措施和处罚办法。与此同时，国内也成立了一些专门从事科研道德规范和科研诚信建设的组织机构。

（一）政府层面的科研道德组织

1. 科技部的科研诚信建设办公室

科技部 2006 年 11 月 7 日以第 11 号令的形式发布《国家科技计划实施中科研不端行为处理办法（试行)》。该办法第二章第七条宣布成立科研诚信建设办公室，负责科研诚信建设的日常工作。该办公室自 2007 年 1 月 1 日起开始运行，主要承担以下 6 个方面的职责：①接受、转送对科研不端行为的举报；②协调项目主持机关和项目承担单位的调查处理工作；③向被处理人或实名举报人送达科学技术部的查处决定；④推动项目主持机关、项目承担单位的科研诚信建设；⑤研究提出加强科研诚信建设的建议；⑥科技部交办的其他事项。

该办法第四条规定，科学技术部、行业科技主管部门和省级科技行政部门、国家科技计划项目承担单位是科研不端行为的调查机构，根据其职责和权限对科研不端行为进行查处。第九条还规定，承担国家科技计划项目的科研机构、高等学校应当建立科研诚信管理机构，建立健全调查处理科研不端行为的制度。科研机构、高等学校的科研诚信制度建设，作为国家科技计划项目立项的条件之一。

2. 教育部学风建设委员会

教育部学风建设委员会成立于 2006 年 5 月 23 日，是教育部社会科学委员会下设的专门委员会，是全国高校哲学社会科学学术规范、学术道德、学术风气建设的指导机构和咨询机构。教育部学风建设委员会的职能主要是三个方面：一是拟定高等学校进一步加强学风建设、惩处学术不端行为的基本准则与实施细则；二是总结和推广学风建设的典型经验，指导和推进高等学校哲学社会科学的建设；三是针对高等学校的学术失范、学术不端行为的典型事例，进行专题调研，总结教训，促使其他单位和个人引以为戒。

高等学校除了从事社科研究，还承担着大量自然科学的研究工作，在我国科研格局中占有非常重要的地位。作为高校的政府主管部门，教育部在科研道德的建设中负有重要责任。为此，教育部出台了多份科研道德建设的文件，要求各地教育主管部门和部属高校充分认识学术道德建设的必要性和紧迫性，并采取切实措施加强科研道德建设，但没有成立专门监管科研不端行为的部门。教育部科研道德建设的具体工作分摊到部属不同的部门，其中主要有科学技术司和科技发展中心。科学技术司的职责包括宏观指导高等学校科学技术工作，负责与科技主管部门和有关部委的科技部门以及地方高等教育科研主管部门对口联系，根据国家科技工作的方针、政策和改革部署，拟订高等学校科技工作的方针、政策、条例和管理办法，推动并指导高校科技体制改革工作。科技发展中心是以促进中国高等学校科技发展为目的的教育部直属事业机构，承担高校有关科研基金、科研成果、科技开发、科技成果转化与推广、科技产业、技术市场等方面的管理工作，并为教育部在高等学校科技政策方面提供咨询和建议。

3. 卫生部医学伦理专家委员会

卫生部2007年1月11日印发《涉及人的生物医学研究伦理审查办法》（试行），要求相关单位遵照试行。该办法第五条指出："卫生部设立医学伦理专家委员会。省级卫生行政部门设立本行政区域的伦理审查指导咨询组织。"卫生部和省级卫生行政部门设立的委员会是医学伦理专家咨询组织，主要针对重大伦理问题进行研究讨论，提出政策咨询意见，必要时可组织对重大科研项目的伦理审查；对辖区内机构伦理委员会的伦理审查工作进行指导、监督。卫生部医学伦理专家委员会并非针对一般科研道德失范问题，相关工作归口卫生部科技教育司。卫生部科技教育司的职责是制定医学基础性研究、重大疾病研究和应用研究等方面的政策和措施以及相关的其他工作。卫生部科技教育司2006年底发布的《卫生科技"十一五"发展规划》中提出，要进一步完善卫生科技管理政策、法规、制度建设，加大卫生科技管理力度，努力推进卫生科技管理工作法制化、科学化、规范化建设；要按照"八荣八耻"的要求加强科研道德和学风建设，通过宣传教育和制定有效措施，大力弘扬优良学风，抵制科研不良风气，坚决惩治学术不端行为和学术腐败。

（二）科研机构和大学科研道德组织

1. 中国科学院学部科学道德建设委员会

学部科学道德建设委员会成立于1996年，是我国成立较早、影响很大的科研道德组织，负责学部科学道德和学风建设工作。委员会成员包括主席团两名成员和各学部若干名院士，一共 7~12 人，每届任期 4 年，主席团两名成员任正、副主任。学部科学道德建设委员会的办事机构为院士工作局。《中国科学院学部科学道德建设委员会工作办法》规定，道德建设委员会的职能包括以下 5 个方面：①弘扬科学精神，倡导优良学风，维护科学真理和科学道德，宣传科学思想和科学方法，捍卫科学尊严，推进全社会的精神文明建设；②加强院士和学部的科学道德与学风建设，颂扬和宣传科学道德与学风方面的楷模，反对和批评违背科学道德的行为，发挥院士群体在科技界的表率作用；③制定和修订院士行为规范；④指导各学部常委会处理学部内部发生的与科学道德和学风有关的问题；⑤受主席团委托，对院士违背科学道德与学风的行为进行调查，提出处理意见。

2. 中国科学院科研道德委员会

科研道德委员会成立于 2007 年上半年，由院有关领导任主任，成员包括院有关部门负责人、若干权威科技专家、若干法律和政策专家等。委员会首任主任委员由中国科学院副院长李静海担任，办事机构设在中国科学院监察审计局。2007 年 2 月 26 日，中国科学院召开新闻发布会，正式向社会发布了《中国科学院关于加强科研行为规范建设的意见》，其第五部分强调在科研道德建设方面要加强领导，健全组织，设立中国科学院科研道德委员会，并规定了 8 项主要职责：①指导院属机构和院部机关科研道德工作，监督院属机构和院部机关科研行为规范执行情况；②制定并修订科学不端行为处理规定及实施办法；③受理涉及所、局级及以上领导干部和院部机关工作人员科学不端行为的投诉；④受理涉及国家重大机密或院重大成果的科学不端行为的投诉；⑤经相关院属机构共同请求，对涉及多个院属机构人员科学不端行为的投诉，且相关院属机构不能达成一致认定结论和处理意见的，进行协调或仲裁；⑥认为院属机构对科学不端行为处理存在事实不清、程序严重违规的，可要求院属机构重新调查处理，或委托其他院属机构进行调查处理，或由委员会进行调查处理；⑦认为院属机构认定结论错误和处理意见不当的，予以纠正或撤销；⑧院务会议、院长办公会议决定由委员会进行的其他工作。

按照这份文件的要求，院属机构应设立科研道德组织，负责科研道德建设和科学不端行为的调查处理。可设立专门机构，或明确由学术委员会行使相应职责。其主要职责是制定适用于在本单位工作和学习的所有人员的科研行为规范，开展经常性的有关科研道德和防治科学不端行为的宣传教育工作；制定并修订涉及科学不端行为的调查和处理程序；受理涉及本单位人员的科研不端行为的投诉，进行调查并做出认定结论，向本单位决策机构或法定代表人提出处理建议；承办中国科学院科研道德委员会委托的工作。

3. 国家自然科学基金委员会监督委员会

国家自然科学基金委员会监督委员会成立于 1998 年 12 月 10 日，由主任委员、副主任委员若干人、委员若干人组成。国家自然科学基金委员会监督委员会实行任期制，每届任期四年。国家自然科学基金委员会监督委员会下设办公室，负责处理监督委员会的日常工作。国家自然科学基金委员会监督委员会在国家自然科学基金委员会党组直接领导下独立开展监督工作，向国家自然科学基金委员会全体委员会议报告工作。

国家自然科学基金委员会监督委员会的工作宗旨是，维护科学基金制度的公正性、科学性和科技工作者的权益，弘扬科学道德，反对科研不端行为，营造有利于科技创新的环境，促进国家自然科学基金事业的健康发展。根据《国家自然科学基金委员会监督委员会章程》规定，国家自然科学基金委员会监督委员会的主要职责包括五个方面：①制定和完善科学基金监督规章制度；②受理与科学基金项目有关的投诉和举报，并做出处理，必要时会同或委托有关部门调查核实；③对科学基金项目申请、评审、管理以及实施等进行监督；④对科学基金管理规章制度的建设提出意见和建议；⑤开展科学道德宣传、教育及有关活动。

4. 北京大学学术道德委员会和复旦大学学术规范委员会

早在 2002 年 3 月北京大学就印发了《北京大学教师学术道德规范》，2006 年又进行了修订，同时出台《北京大学关于进一步加强师德建设的意见》和《北京大学学术道德规范建设方案》等文件，目的是加强师德建设和学术道德建设。按照这些文件的规定，北京大学校级学术委员会下设专门的学术道德委员会。该委员会由 9 位校学术委员会成员组成，负责制定、解释和评估学校学术道德方面的方针政策、规定和存在的问题，接受对学术道德问题的举报，对有关学术道德问题进行独立调查，并向校长提供明确的调查结论和处理建议。学校学术道德委员会下设工作办公室，受理对学术道德问题的投诉。工作办公室在接到举报后，将会同有关部门负责人讨论，并听取被举报人的申辩，然后决定是否对该项举报正式立项调查。对正式立项调查的举报，由学术道德委员会工作办公室通知被举报人，并责成相关院系学术委员会在 30 天内，对有关事实和结论进行认定。文件还规定，对学术不端行为将实行实名举报，学术道德委员会在接到举报的 15 个工作日内对可能涉及学术不端的行为启动正式调查程序，对违反学术道德规范的个人将做出包括公开赔礼道歉、补偿损失、暂缓学术晋升、撤销有关奖励和资格、警告、记过、降级、撤职、解聘、开除等处理建议。校长办公会议根据学术道德委员会的建议，将正式决定给予当事人纪律处分，并撤销所有通过该项违反学术道德行为而获得的奖励或其他资格。

2005 年 4 月，经复旦大学校长办公会议审议，复旦大学学术规范委员会成立。该委员会是复旦学术委员会下属的专门委员会，主要负责调查、处理学术规范问题。根据《复旦大学学术规范及违规处理办法（试行）》的规定，学术规范委员会受理学术不端行为的举报，按照公平、公正、公开的原则和既定程序进行调查，提供明确的调查结论和处理建议。对违反学术规范的行为，任何人都有义务向校学术规范委员会举报。对于在报刊、电视、广播以及互联网等媒体公开报道的本校人员违反学术规范的事件，校学术规范委员会为纯洁学术、维护学校声誉，可以积极主动地和相关媒体联系，展开调查核实，将调查结果及处理情况在相关的公共传媒上公布。学术规范委员会在接到实名举报后 30 日内，可以指派一位学术规范委员会成员联络举报人并会同被举报人所在院（系）院长（系主任）及其学术委员会成员共同讨论，并听取被举报人的申辩、解释，然后在学术规范委员会全体成员会上报告有关情况，再投票以简单多数方式决定是否对该项举报正式立项调查。校人事处根据学术规范委员会的处理建议提出处理意见，报校长办公会议决定。

（三）关于科研道德组织建设的建议

1. 强化、整合形成全国性的顶层科研道德监管组织

我国的科研活动非常活跃，科研机构十分庞大，科研人员众多。人们对科研道德重要意义的认识存在很大差异。科研机构的管理条块分割，隶属关系复杂，各个单位之间很难协调统一。例如，我国大学的主管单位分别是教育部、各个省、国防科工委、中国科学院等。这些主管单位都是独立运作，相互之间没有协调统一的行动机制。因此，某一个省部级机构设立的科研道德组织对其他单位产生的影响力有限。例如，科技部的科研诚信建设办公室对大学的科研行为的约束力就很有限，对全国科研道德建设的影响力不足。为了促进全国的科研道德建设，有必要建立一个对所有科研机构都具有影响力的管理机构。我国的社会结构和政治体制具有特殊性，尤其是在思想道德教育和行为监督方面具有丰富的政治资源，科研道德组织的建设应该充分利用这些资源，建立一个统领全国的科研道德委员会。全国科研道德委员会可以争取全国人大教科文卫委员会、中纪委、监察部等国家职能机构的支持，从而对全国科研不端行为产生震慑力。一些大学和科研机构存在狭隘的地方保护主义，或者碍于那些"利益相关者"的情面，或者慑于涉案当事人的位高权重，在查处科研不端的案件

时，大事化小，小事化了，再三容忍，甚至包庇纵容。因此，成立强有力的全国性科研道德外部监管机构是非常必要的。科技部应该充分利用自身的政治资源和信息资源，担当促成的责任，协调国家相关部门和社会力量，成立全国性的顶层科研道德监管组织。

2. 健全、配套地方和部门的科研道德组织

国家级的顶层科研道德组织，除了查处那些特别重大的科研不端案件以外，主要的职能是为地方和部门的科研道德组织提供智力支持和政策咨询。目前，全国的大学和科研机构在科研道德组织建设方面差异很大。中国科学院作为国家自然科学研究方面的"国家队"，在科研道德组织的建设方面也代表了国家的最高水准。全国的科研机构、大学和相应的行政主管单位都应该建立与学术委员会、学位委员会并列的科研道德委员会。

3. 明确、扩展各级科研道德组织的职能范围

目前全国各级各类的科研道德组织的名称各异，如"学术规范委员会"、"科研诚信建设办公室"、"科研道德委员会"等。它们的职能和工作的侧重点也不同。大多数的科研道德组织强调事后的调查和处理，而忽视事前和平时的教育和宣传。科研道德组织应该积极从事科研道德方面的教育和宣传，让广大的科研人员认识到科研道德的重要性和具体要求，自觉地遵守科研道德规范。科研道德组织的运作既要有原则性，又要人性化，尽可能地理解和帮助科研人员，不应该一味地进行人格指责和道德批判，不应该仅仅热衷于事后"抓捕"。科研道德组织应该多做一些建设性的工作，除了教育宣传以外，还应该努力消除科研环境方面容易导致科研不端行为的不利因素，努力消除我国科研体制和运行机制方面不利于科研道德建设的消极因素。

4. 积极参与科研道德建设方面的国际合作和交流

我国作为世界上最大的发展中国家和一个负责任的大国，在诸多国际事务中具有极其重要的影响力。中国的科学活动非常活跃，科研水平快速提高，理应在科研道德研究和建设的国际合作中有所作为。我们应该积极参加科研道德建设方面的国际组织，积极参与相关的国际会议和活动，加强与国际社会的合作和信息交流，汲取世界各国的先进理念和经验教训，推进我国科研道德建设工作，并为世界科学文化的发展做出贡献。

第二节　科研道德的制度建设

一、国外科研道德制度建设概况

道德是自律和他律的统一。对个体来说，社会的道德体系、道德标准是首要的。良好道德的养成是每个人参与社会活动所必需的。从这个意义上看，道德具有"准法律"的性质，是每一个社会成员必须遵守的行为规范。科研道德是科研人员必须遵守的行为规范，也是科研成功的基础和前提。科研道德的制度建设是科研道德养成的必然途径，目的是以制度的形式规范和约束科研人员的科研行为，明确地告诉他们哪些是应该做的，哪些是不应该做的。科研道德的失范会导致科研不端行为，不仅要受到道德的谴责，而且必须承担相应的道德后果和法律责任。目前，世界各国在科研活动的管理上，根据不同的国情，制定了各自的方针政策和管理制度。关于科研道德的政策和制度，有国家层面的法律法规，也有各级科研机构、专业协会和基金会的内部规定。对科研不端案件的处理，各国做法不同，有的国家专门成立了独立机构来处理此类问题，有的国家政府委托科研机构内部处理。比较严重的触犯法律的科研不端案件，一般移交相应的司法机关。各国关于科研道德制度的规定很多。一般来讲，各类科研机构、大学、基金会等组织都有各自成文的科研行为规范，并遵循国家层面的法律法规。

（一）国外主要的科研道德规约

1. 国家层面的科研道德政策和制度

法律是由国家创制并以国家强制力保证实施的行为规范。科研道德的制度建设最理想、最权威的途径是立法。由于科研行为不端问题是最近20年出现的新情况，而且专业性很强，情况复杂，稳定性差，各国一般采用政策规约等"准法律"的形式引导科研人员道德自律。自律和监督相结合的弹性模式是许多国家在科研道德制度体系建设中普遍采用的。美国、加拿大等国家强调秩序公平和权力制衡，对待科研不端行为案件主张调查权和判决权分离，研究机构和管理部门（资助机构）各司其职。丹麦、挪威等北欧国家更加强调科研诚信的社会意义，一旦发现科研不端行为，则由独立设置的外部调查机构处置。美国模式和北欧模式都要求制度建设规范严格，科研道德重在自律，处理信息公开透明，通过加大违规者的社会成本强化震慑作用。

1）美国《关于科研不端行为的联邦政策》①

该政策是美国白宫科技政策办公室 2000 年 12 月发布的关于防治学术不端行为的最高政策。政策确定了政府的最终监督权，规定了研究机构的责任以及处理科研不端行为的任务，并制定了专业、规范、透明、严厉的实施细则。在该文件中，科研不端行为被定义为伪造、篡改或剽窃（在建议、开展和评议研究的过程中，或者在报道研究成果的过程中）。文件明确了对发现科研不端行为后的处理要求、联邦机构和研究机构各自的责任、联邦机构行政措施、其他组织的作用等。文件还提出了公正及时的原则以及具体的惩罚措施。

2）丹麦《研究咨询系统法案》和《学术不端委员会执行准则》②

丹麦关于科研的最高法案是 2003 年 5 月出台的《研究咨询系统法案》（其前身为 1997 年《研究政策建议法案》），依据该法案，丹麦科学技术和创新部在 1998 年制订了《学术不端委员会执行准则》（2005 年 7 月修订）。《研究咨询系统法案》在法律上给予丹麦学术不端委员会监督和处理科学研究中所涉及的不端行为和欺骗行为等问题的职责，并明确了具体内容与程序，包括对涉及科研不端的申诉展开调查、建议终止涉及欺骗的科研项目、向相关负责领域的权利机构通报情况、对涉及犯罪的向警察局提供报告、根据有关机构的特殊要求对科学道德问题提供评估报告。《学术不端委员会执行准则》给出了学术不端行为的定义以及调查的一般程序和处罚措施，并列出了 9 种行为，包括意在误导的资助申请、非法转让著作权、有选择地公布或隐瞒研究结果等。

3）芬兰《正确科研规范和处理学术不端及欺骗的程序准则》③

该文件 1994 年由芬兰研究道德国家顾问委员会出台，并在 1998 年和 2002 年两度更新。截至 2008 年 2 月，有 95 所科研机构（包括所有大学）在文件上签字。该文件对正确科研规范、科研不端行为与处罚程序三方面的问题进行了阐述。该文件第一部分是正确科研规范，包括遵循研究团体制定的标准规范的必要性、对他人研究成果的正确定位和尊重、研究开展或招募新人前对权利与义务的讨论与记录、对资助来源和可能的利益冲突的公开、正确的行政管理和财务管理。这一部分也涉及大学和研究机构的重要责任，并指出，尽管正确科研的规范首先基于每个科研人员，但坚持正确的科研道德对任何研究组织来讲都是不可或

① ①The Office of Research Integrity, US Department of Health and Human Services (HHS). Federal Research Misconduct Policy. http://www.ori.dhhs.gov/policies/fed_research_misconduct. shtml. 2005-03-18

② The Danish Committees on Scientific Dishonesty. Executive Order No. 668 of 28 June 2005 on the Danish Committees on Scientific Dishonesty, Danish Agency for Science, Technology and Innovation. Annual Report 2006. 2007

③ National Advisory Board on Research Ethics, Finland, Good scientific practise and procedures for handling misconduct and fraud in science. http://www.tenk.fi/ENG/publications.htm. 2002-03-16

缺的一个整体责任。第二部分则讨论了科研中的不端行为和欺骗。不端行为被定义为科研活动中的疏忽和不负责任，包括对他人贡献的贬低评价或对自己工作的不当省略、引用，不当地记录和保存结果，多次发表相同结果等。该文件将科学欺骗定义为欺骗研究团体和决策者，以及给出错误的信息或结果，并将其分为4类：造假、曲解、剽窃和侵占。第三部分则为处理科学不端的具体程序规定。

4）波兰《良好科学行为准则》[①]

《良好科学行为准则》由隶属波兰科学高教部的科学伦理指导委员会于1994年首次公布，并于2001修改。该准则针对波兰所有的研究人员。对于个人的要求分为8个部分，共计59项行为或态度要求，其中的基本要求可以表述为"人类道德规范和科学正确礼貌"。科研人员要严格遵循准则，并且不能要求同事或下属违背，在存在利益冲突时要对得起自己的良知。正确科学道德不能理解为对上级的忠诚。准则规定了科研人员作为创造者要遵守的标准，包括合适的自我评价、纯粹的科研动机、对人类和自然的尊重和共享、避免多次发表等。科研人员作为领导、老板或老师时，应严格自律，以身作则，并负责引导培训新人的良好研究意识。作为顾问或专家时，评估要准确和公正，严格避免个人喜好或利益对评估的干扰。作为研究赞助者或政府和国际组织成员时，要提供可信的科学信息，不可有意忽略研究的限制，并应遵守国际惯例。

5）其他国家的科研道德政策和制度

随着科研不端行为的问题不断增多，许多国家纷纷出台相应的准则、指南等文件，对科研行为进行规范，并对不端行为进行界定与处理。2004年，英国科技办公室公布了《科学家通用伦理准则》。2006年，韩国科技部出台了《关于国家研发事业中确保研究伦理和真实性准则》，通过制度防止科学腐败，详细规定了对学术腐败的查处程序以及相关部门机构的责任。日本则有《关于切实应对科研不端行为的意见》和《关于处理科研不端行为的指南》。前者由日本政府科学技术政策的最高决策机构——综合科学技术会议于2006年发布，后者由新设的"防止科研不端行为特别委员会"以文部省部门规章的形式发布。

2. 科研机构、专业协会和基金会的道德规约

与北美、北欧等国家不同，英、法、德等国家强调学术权力与行政权力分离，从源头上防止学术腐败和科研不端行为。这些国家没有顶层科研道德监管机构，科研不端行为的监督处理依靠科研机构、大学、专业协会的内部力量。英、

---

① Committee on Ethics in Science of the Polish Academy of Sciences. Good manners in science: a set of rules and guidelines. http://www. ken. pan. pl/index. php? option = com_content&view = article&id = 64: good-manners-in-science&catid = 35: ksiki&Itemid = 48. 2001-03-09

法、德等国政府层面的科研道德制度一般是宏观的原则性要求，而研究机构、大学内部制定的科学家行为准则和道德规约非常严格、具体，不仅有总体要求，而且有实施细则，具有很强的专业性、适应性和可操作性。例如，英国研究理事会（RCUK）德国马普学会（MPS）和法国国家科学研究中心（CNRS）都出台了各自的规范科研人员良好科研行为的文件。

1）英国科研机构和组织的科研道德规约

1997 年 12 月，英国研究理事会（RCUK）发表了一个名为《捍卫正确科研行为》①的联合声明，对科研不端行为进行了强调说明，并对正确行为做出规定。文件明确区分了两类科学不端行为：伪造数据和剽窃、误引、侵占他人成果，重点讨论了正确科学研究的原则，特别提到了对年轻科学家的科研教育与培养问题，包括原始数据收集、项目书提出、基金使用以及同行评价等。

英国生物技术与生物科学研究理事会（BBSRC）1999 年发表了《关于捍卫科学行为规范的声明》②。声明的中心思想是一些必须遵循的条款，其中包括职业标准（诚信和开放）、专业行为规范、研究小组的领导与合作、对研究成果的评价过程、结果存档以及原始数据的保存、成果发表、对合作者或参与者的致谢、对新成员的培训等，并明确指出现有成员有责任确保新人对正确科研行为的认识。科学诚信包括避免任何科研不端行为的义务，这些不端行为包括：侵权（私自盗用他人的想法）、剽窃（未经允许，复制思想、数据或文本）、欺诈（有意欺骗，数据造假，忽略分析，发表不合适的数据）。

英国工程和物质科学研究理事会（EPSRC）提出了关于科研道德的规定——《科学与工程研究的行为规范》③，要求其所资助的所有科研机构具备有关正确科研的规定。正确科研规定的主要内容包括科学工作的基本原则、科研小组的领导（领导有责任在组内引导正确的科研风气）、对新手的培训、对原始数据的保护和保存（在研究机构的控制下以耐久的方式保存足够长的时间）。正确科研另外也包括申请基金时所提供材料的准确性、基金的合理使用以及仲裁人和陪审团成员的职责。

英国经济与社会研究理事会（ESRC）在其《研究资助条例》中明确提出了

---

① The Director General of the Research Councils and the Chief Executives of the UK Research, Safeguarding Good Scientific Practice. www. ukoln. ac. uk/projects/ebank-uk/docs/scientific-practice. doc. 2004-03-10

② Biotechnology and biological Sciences Research Council, Safeguarding Good Scientific Practice. http://www. bbsrc. ac. uk/publications/policy/good_scientific_practice. html. 2006

③ Engineering and Physical Sciences Research Council, Guide to good practice in science and engineering research. http://www. epsrc. ac. uk/researchfunding/grantholders/guidetogoodpracticeinscienceand engineeringresearch. htm. 2006-03-11

对正确科研的要求，并在 2005 年提出了《研究道德规范框架》。① 新的体制要求所有 ESRC 资助的研究人员严格遵守。其对于科研道德有六项关键规定：研究应该在计划审查以及开展过程中确保科学规范；研究人员和团体需要提出研究的目的、方法和研究结果的可能用途，需要了解在研究中的具体职责以及可能面临的风险；研究项目的保密性和研究者的匿名权要被保证；合作研究要以自愿为原则，不得以任何形式强迫；研究的原创性要明确；任何利害冲突要明确。确保科研道德的责任被下放给调查员和科研单位，而科研单位需要提出具备以下内容的程序规定：在项目书中必须包括科研诚信的说明；对项目书进行关于科研道德的评估；制度监测中要有程序规定；避免重复的科研诚信调查；数据保护规定与法律一致。

英国医学研究理事会（MRC）发表了医学研究中关于研究道德的声明——《MRC 道德规范系列》。② 其中包括《正确科研行为》，提出了正确科研的一般概念是"一种体现在研究上的、观念上的态度"，每个科研人员、机构、基金、研究委员会都有责任来推动科研道德建设。另外对科研过程中的不同步骤也给予了原则说明：计划、管理、数据记录、结果报告、应用和拓展结果等。

英国自然环境研究理事会（NERC）在 2005 年发表了《有关科学道德的政策》③，主要包括以下几方面的内容：宣扬科学诚信和正直，采取措施鉴别和处理学术腐败和科研不端；决议、开展工作以及分配基金时保证开放和透明，否则需解释原因；从所有人的角度出发形成有关科研道德的结论；依照英联邦和海外的法律，依照本地法律；明示利益冲突并有效地解决问题；确保在客观评估和适当程序的基础上透明地给出决议；恰当地承认他人在知识、科学支持以及实验条件等方面的贡献；对于以现有的科技水平可能存在风险的研究，应在早期进行充分讨论。

英国科学和技术设施理事会（STFC）在《STFC 科研资助手册》中提出了有关正确科研行为的规定。④ 其中主要内容包括：建立符合规定的处理程序，告知和绑定所有相关人员；保证建立预防科学不端（剽窃、数据造假）的体系和步骤，明确提出调查和处理的安排；向研究委员会作年度报告，明确告知是否有任

---

① Economic and Social Research Council, ESRC Research Ethics Framework. http：//www. esrcsocietytoday. ac. uk/esrcinfocentre/opportunities/research_ethics_framework/2005-05-06

② The Medical Research Council, MRC Ethics Series. http：//www. mrc. ac. uk/Ourresearch/Ethicsresearch-guidance/index. htm. 2000-10-11

③ Natural environment research council, Ethics policy. www. nerc. ac. uk/publications/corporate/eth-ics. asp. 2005-09-06

④ Science and Technology Facilities Council, Research Grants Handbook. http：//www. stfc. ac. uk/rgh/rgh-Home2. aspx. 2009-03-12

何形式的学术不端行为。STFC 资助的研究中一旦有此类情况发生，STFC 必须马上被告知并给出处理意见。

2）德国科研机构和组织的科研道德规约

1997 年，作为国家主要研究资助机构的德意志研究联合会（DFG）的科学职业自律国际委员会，提交了《关于捍卫正确科学实践的建议》的报告。1998 年 1 月，DFG 国际委员会发表了《捍卫正确科学行为的建议》，就专业以及法律范畴内对科学不端的规定进行了补充，共有 16 份建议。① 其中一份建议针对科研系统的各种成员，特别是研究协会、学术团体、科学出版社以及科研支持机构。大学和研究所需要形成关于科学道德的规定并约束所有成员，提出具体的处理机制，并有责任在机构内引导良好的研究风气（包括对年轻科学家的教育，对科研工作的适当评估等）。其他机构也应具有明确的相关规定。因此，在德国几乎所有的大学和研究机构都有自己关于科研行为的规范与规定。

马普学会在 2000 年出版发行了名为《正确科研实践规范》② 的报告。报告分 5 个章节对科学研究发展中的道德规范、出版和署名、如何培养接班人、研究项目和计划以及利益冲突的处理等进行了详细阐述。其中详细地列出了有关科学道德的普遍原则，包括：获得和选择数据的学科规定的严格遵守、常规怀疑的调查、对自己结果可能产生的任何误解的系统性警惕、诚实竞争（如不能有意耽误审稿）、杜绝伪造结论的发表、公正诚实地评价他人或前人的贡献。署名作者要承担联合责任。报告的"附录 2"中列出了"被视为学术不端行为和方式的目录"，指出"如果在重大的科研领域内有意或因大意做出了错误的陈述、损害了他人的著作权或者以其他某种方式妨碍他人研究活动，即可认定为学术不端"。

1999 年 10 月，莱布尼茨科学联合会公布了《关于科学道德的指导手册》③，手册定义了正确的科学行为，制定了在各个机构的执行标准，并要求下属机构明确陈述并执行，并应在培训新人时重点教育。

3）瑞士科研机构和组织的科研道德规约

瑞士科学院由瑞士自然科学院（SCNAT）、瑞士医学科学院（SAMS）、瑞士

---

① Deutsche Forschungsgemeinschaft, Recommendations of the Commission on Professional Self Regulation in Science-Proposals for Safeguarding Good Scientific Practice. http://www. dfg. de/en/dfg_profile/structure/statutory_bodies/ombudsman/index. html. 1999-05-23

② The Max Planck Society, Rules of Good Scientific Practice, Rules of Procedure in Cases of Suspected Scientific Misconduct, Catalogue of Conduct to be Regarded as Scientific Misconduct—Appendix. http://www. max-planck. de/english/careeropportunities/ombudssystem. 2000-06-10

③ Leibniz Gemeinschaft, Regeln guter wissenschaftlicher Praxis（Principles of good research practice）. http://www. leibniz-gemeinschaft. de/? nid = gsdd3 &nidap = . 1999-08-09

人文及社会科学院（SAHS）和瑞士技术科学院（SATS）组成，在其文件《科研诚信——准则与程序》中阐述了关于科研活动的行为规范。[①] 文件提出：科学研究基于对知识的推敲和交流。因此，诚实、自律、自我批判是科学领域诚信行为的最基本要素。研究者必须对组内其他成员具有开放和透明的精神品质，对科学界和公众进行自我评估。研究机构与支助机构的决策者也应致力于科学诚信，积极在推动建立科学诚信的工作环境方面做出贡献，应意识到自身对他人的榜样作用，并把科学诚信引入本科生和研究生的培养内容。科学研究的诚信和质量意味着各研究人员和科学界的自我评价和伦理反思，应特别避免不切实际的目标，不相关或未被证实的结果发布。问题的原创性、数据的准确性、材料和发现的全面可靠性、结论的适当性比快速的成果和大量的发表更重要。这些也同样适用于招募、任命、提拔和学位授予。

4）法国科研机构和组织的科研道德规约

2006 年 4 月，法国国家科学研究中心科研道德委员会（COMETS）发表了一份简短的文件《CNRS 科学不端行为处理》[②]，明确了对 CNRS 机构中科学不端行为的处理过程和程序。

5）美国科研机构和组织的科研道德规约[③]

美国国家科学基金会于 2002 年公布了《不正当研究行为的管理规定》。美国卫生与人类服务部于 2004 年公布了《卫生与人类服务部关于不正当研究行为的政策》。美国微生物学会（ASM）早在 1988 年就制定了《道德规范》，并于 2005 年采用了新的道德规范。美国物理学会（APS）关于科研道德的文件有《平等职业机会政策声明》、《关于什么是科学的声明》、《职业行为指南》、《关于处理研究不端行为政策的声明》、《促进职业道德、标准和行为教育的声明》。美国化学学会（ACS）在 1965 年通过了《化学家信条》，1994 年通过并采用《化学家行为规范》。

6）其他国家科研机构和组织的科研道德规约

加拿大《三大理事会关于研究与学术诚信的政策》由三大科研理事会（医学研究理事会、科学工程研究理事会和社科人文研究理事会）1994 年 1 月联合发布。

《澳大利亚负责任的科研行为规范》于 2006 年 2 月由澳大利亚研究理事

---

① Swiss Academies of Arts and Sciences, Integrity in scientific research; Principles and Procedures. www. akademien-schweiz. ch. 2008-10-21

② Centre National de la Recherche Scientifique, La fraude scientifique au CNRS. http://www. cnrs. fr/fr/organisme/ethique/comets. 2006-03-18

③ 王艳. 美国学术团体促进科研诚信规范. 科学对社会的影响，2006，（2）

会（ARC）、国家卫生与医学研究理事会（NHMRC）和澳大利亚大学校长委员会（AVCC）共同发布。该文本对科研活动的规范做了全面规定，包括数据管理、人员培养、结果发表等方面，并强调了研究机构所要担负的重要责任。

日本学术会议 2005 年发表了《科学研究中不端行为的现状与对策报告》，此后日本政府和学术界开始重视对学术不端行为的防治。2006 年 4 月，日本学术会议公布了《科学工作者行为规范》。

（二）科研不端行为案件的查处程序

1. 国家层面的查处程序

1）美国

美国科学基金会和公共卫生署要求所有接受公共基金的研究单位有处理科研不端行为的措施。另外，许多大学和科研机构设立了投诉专员、道德官员或其他可以讨论科学道德问题的官员。科研机构依照联邦法律形成本单位的处理政策和程序，或者参照上级机构的处理政策。美国公共卫生署在 2005 年 6 月发表的《处理举报科研不端行为的政策程序样本》[①]，为下属和其他科研机构提供了参考性的处理政策和程序。该文件明确了科学道德官员、检举人、被检举人以及决策官员的责任和义务，提出了通用的方针政策，包括对发现科研不端行为的检举责任、在调查过程中的合作、保密性、对检举人证人和调查组成员的保护等。文件中提出的处理程序，包括评定、问讯、调查。收到对科研不端行为的检举后要立刻对该举报进行评定，如有需要则启动问讯程序，并告知当事人，查封相关研究档案。在确定问讯委员会后，开始第一次会议，并展开问讯，在 60 天内结束。问讯报告提交后，由决策官员形成决议，决定是否需要开展调查程序。如需启动调查程序，通知当事人和 ORI，查封相关档案。然后确定调查委员会，开始第一次会议，并展开调查程序，在 120 天内结束。调查结束后形成书面报告，决策官员形成决议，被检举人可以上诉。最终决议告知 ORI，并由其保存文件档案。

2）丹麦

丹麦科学技术和创新部成立的丹麦学术不端委员会（DCSD）负责处理可能

---

① The Office of Research Integrity, U. S. Department of Health and Human Services (HHS), Sample Policy and Procedures. http://ori. dhhs. gov/policies/documents/SamplePolicyandProcedures-5-07. pdf. 2009-03-18

会对丹麦的科研造成潜在影响的科研不端案例。① 丹麦学术不端委员会可接收科研不端行为的举报与被怀疑的澄清要求。如果认为该案件对于社会利益或对人类或动物的健康具有重要意义，则有权开展主动调查。此外，丹麦学术不端委员会有自由决定是否立案的权利。丹麦学术不端委员会的办案程序需要提交科学技术和创新部审查通过，并有权公布对科学不端行为的批评，告知涉嫌人员的雇主，发表对行为严重性的看法，建议撤回项目，通知相关当局监督研究领域，或者通知警察局。有些案件直接由大学处理，并不必须通知丹麦学术不端委员会。

3）芬兰

芬兰由教育部所属的研究道德国家顾问委员会负责科研不端行为案件的调查处理。② 高等教育协会和其他科研支持机构被邀请成立适当的机构来处理其内部关于科研不端行为的事务。其成立的机构需要满足三个基本要求：公正、兼听与快速处理。一般的处理程序包括 12 步。先由机构的最高负责人开展最初调查并给出书面意见，如果怀疑属实则由最高负责人指定的专家小组展开调查，并告知国家顾问委员会。根据调查结果，最高负责人给出制裁意见。嫌疑人或举报人若有异议，可向国家顾问委员会申诉。国家顾问委员会可以提议最高负责人开展另外的调查，但其意见仅基于书面材料。农林部的实验室动物科学合作组、社会卫生部的医学研究道德委员会负责处理各自管辖范围的相关事务。

4）波兰

隶属波兰科学高教部的波兰科学伦理指导委员会负责调查处理科研不端行为案件。委员会由法律、医学、人文、工程和自然科学方面的专家学者组成，独立处理有关科学道德和科研不端的案例。③ 科学伦理指导委员会先向部长提出建议和意见，部长一般都会遵循委员会的建议办理。委员会的建议涉及常见的问题。如果被举报存在不端行为，则资助部门可能会向科学伦理指导委员会咨询。委员会仅处理特殊案例，并不接受所有的投诉。根据案件的具体情况，委员会一般会向部长建议将案子打回相关机构，委托其处理或者询问其内部处理过程是否开展

① The Danish Committees on Scientific Dishonesty, Rules of Procedure for the Danish Committees on Scientific Dishonesty. http://en. fi. dk/councils-commissions/the-danish-committees-on-scientific-dishonesty/rules-of-procedure. 2009-03-18

② Academy of Finland, Academy of Finland Guidelines on Research Ethics. http://www. aka. fi/Tiedostot/Tiedostot/Julkaisut/Suomen%20Akatemian%20eettiset%20ohjeet%202003. pdf. 2009-03-20

③ Committee on Ethics in Science-Polish Ministry of Science and Higher Education, Good Practice for Scientific Research-Recommendations. http://www. nauka. gov. pl/mn/-gAllery/37/23/37237/20080505_Good_practice_for_scientific_research_EN. pdf. 2009-03-20

和结束。委员会有时也会根据情况，建议其他部门或办公室进行处理。到目前为止，波兰科学伦理指导委员会处理的大部分案件属于民法或知识产权法的范畴，而一旦案件提交法庭审理，委员会要在法庭判决之前保持沉默。委员会和部长均无权违背法庭的判决。在机构层面上，波兰要求其高校和研究机构建立内部关于科学不端行为的处理办法，部长有权要求机构的管理方开展调查，机构负责人决定是否接受内部处理的委托。但研究机构是自治的，没有义务向部长报告。

2. 科研机构的查处程序

1）英国

关于科研道德，英国不同的研究协会提出了各自的政策和处理程序。2006年，英国研究理事会成立正确科研指导小组，在各学科委员会协调和共享正确科学研究的政策和程序，更重要的是整理出各学科委员会怎样执行正确科研行为，期望得到普适的行为规范与管理程序。

英国生物技术与生物科学研究理事会（BBSRC）[①] 要求各科研机构具有正确科研的相关规定，并与 BBSRC 资助的资格绑定，也要求有明确的书面程序来处理科研不端的检举。一旦有科学不端行为被检举，研究单位应立即开展调查，BBSRC 有权获取和使用调查信息。为了加强这些声明的执行，BBSRC 可能会对科研机构或个人进行一些处罚，比如对机构撤销奖励、拒绝相关申请，对个人拒绝申请、撤回资助等。

英国工程和物质科学研究理事会（EPSRC）在其《科学与工程研究的行为规范》[②] 中要求有书面的程序来处理科研不端的检举。关于科研不端检举的处理程序，EPSRC 要求所有机构提出"书面的、经过协商的、对所有相关人都简易可懂的"程序规定，并建议把对检举人和被检举人的公正作为关键原则。在操作上需要四步：一是初步阶段（包括接受检举、通知所有相关人员、收集证据），二是评估阶段（确定被检举的科研不端行为是否属实），三是正式调查，四是最终裁决。

英国医学研究理事会（MRC）发布的《MRC 调查科学不端行为的政策程

---

① Biotechnology and biological Sciences Research Council, Safeguarding Good Scientific Practice. http://www.bbsrc.ac.uk/publications/policy/good_scientific_practice.html. 2009-03-20

② Engineering and Physical Sciences Research Council, Guide to good practice in science and engineering research. http://www.epsrc.ac.uk/ResearchFunding/GrantHolders/GuideToGoodPracticeInScience-AndEngineeringResearch.htm. 2009-03-19

序》①，适用于 MRC 的机构和研究小组。程序包括四步：一是机构主任初步考虑检举事实是否在规定范围，是否有必要展开调查。二是机构主任指定两人组成调查小组收集证据。嫌疑人可以进行回应。调查小组的成立要上报 MRC 总部办公室。根据调查小组和嫌疑人的报告来决定是否开展第三步的调查。三是调查确认是否存在科学不端行为及其严重程度。根据调查小组的报告和嫌疑人的申诉，机构主任决定何种处分。处分包括从特定项目中开除、书面警告、对以后工作的特殊监控、取消一年内的进阶资格、撤回项目资助、撤销职位等。情节特别严重时，可以解雇当事人。四是当事人可以书面形式向机构主任提出上诉申请。由三人或三人以上组成的陪审团，在 MRC 最高长官的同意下，可以修改或推翻调查结果和处分。

2）德国

德意志研究联合会（DFG）成立了一个独立的委员会处理有关科学道德和科研不端的问题，并提供咨询。② 其职责是鉴定对科研不端的举报，对当事人进行调解，若举报属实则提交适当机构。如果举报内容不属 DFG 管辖，则转交其他相关机构；如果举报内容属 DFG 管辖，则提交 DFG 科学不端举报咨询委员会。联合会指定包括四位相关领域的科学家展开调查，向 DFG 秘书长（Secretary General）负责，并由 DFG 办公室提供法律支持。调查工作需要向 DFG 联合委员会提交建议，联合委员会将给当事人适当的处罚，诸如在一定时期内（1~8 年）禁止申请项目，要求归还研究资助，要求撤销发表或发布错误声明，禁止作为 DFG 评论员，剥夺其在 DFG 的被选举权等。

2000 年，马普学会在总结以往惯例的基础上，形成了《涉嫌科研不端行为的处理程序规则》。③ 该规则明确指出：科研不端事件发生时，由相关机构主管和相关学科委员会副主管联合开展初步调查，在听取被检举人陈述的基础上做出决定，停止调查或展开正式调查。正式调查由一个调查委员会接手。调查委员会包括一位固定的主席（上级主管部门指定，三年轮换一次）、代表所属学科的副主席、来自其他学科的三位顾问以及人力和法律事务部门的领导。调查委员会如果认定科学不端行为属实，则向 MPS 主席提交报告，若认定不属实则停止调查。该文件有两个附录：属于科学不端的行为目录和对此行为的制裁意见。该文件认

---

① The Medical Research Council, MRC Scientific misconduct policy and procedure. http://www. mrc. ac. uk/ Utilities/Documentrecord/index. htm? d = MRC005820. 2009-03-11

② Ombudsmans der DFG, Sechster Bericht des Ombudsmans der DFG an den Senatder DFG und an die Öffentlichkeit. http://www1. uni-hamburg. de/dfg_ombud//. 2009-03-12

③ The Max Planck Society, Rules of Good Scientific Practice, Rules of Procedure in Cases of Suspected Scientific Misconduct, Catalogue of Conduct to be Regarded as Scientific Misconduct—Appendix. http://www. max-planck. de/english/careerOpportunities/ombudssystem. 2009-03-13.

为科学不端的行为包括数据的伪造和修改、申请时不正确的陈述、剽窃、破坏研究。

3. 瑞士科学院的一般科研不端案件查处程序

瑞士科学院发布的《科研诚信——准则与程序》① 对科研不端行为的分类认定和处理程序比较具有代表性。他们认为科学范畴内的不端行为非常广泛，其中违反法律是很明显的一类（如违背人类尊严、人权或损害人类健康等）。有些不太严重却有负面影响的科研行为会损坏文化资产，损害公众利益，无视可持续发展而不合理地使用资源，或提供会对人性与环境构成威胁的知识。虽然此类威胁并不能通过制度规定来消除，但却能表明科学的职责已超越了既定标准。这些科研不端行为的情况可能出现在研究项目计划、实施、评估等各个环节中。科学范畴内的不端行为包括损害科学界和一般公众的有意或无意的欺骗行为，具体包括下面这些方面。

1）触犯相关法律、条例

科研不端行为可能触犯相关法律、条例，如刑法、民法、著作权法、专利权法，还有治疗性药物、器官移植、环境保护、基因工程、动物保护等相关法律。此类触犯法律的行为将依照相关法律进行处罚。

2）欺骗性行为

科学不端行为可能发生在所有领域的研究中，如基础理论研究、科研项目实施、科学实验分析等，还包括研究数据的传播（如经由未被授权的作者）、项目申请与研究结果的专业评审、侵害知识产权、妨碍甚至损害他人研究活动、对举报者实施公开或非公开的报复行为等。

3）侵害科学利益

侵害科学利益的科研不端行为包括捏造研究结果、有意伪造或篡改数据、伪造报告、研究结果的误导性处理以及任意权重数据、未发表声明擅自删除或隐瞒数据和研究发现（弄虚作假、任意篡改）、隐瞒数据来源、在法定记录管理时间内删除数据及相关材料、拒绝权威认可的第三方使用数据等。

4）侵害个人利益

侵害个人利益的科研不端行为在不同的科研阶段有不同的表现。在项目计划与实施阶段，包括在未经负责人许可的情况下擅自取用数据并作与项目无关的用途、妨碍或侵害组内或组外其他研究人员的研究工作、违反慎重职责、漠视监管职责等。在研究结果发表阶段，包括剽窃（例如，抄袭或以任何其他形式盗窃知

---

① Swiss Academies of Arts and Sciences. Integrity in scientific research: Principles and Procedures. http://www. swiss-academies. ch/Publikationen/scientificIntegrity. php. 2009-03-16

识财产)、未对研究工作做出主要贡献但要求署名、有意不提及对研究工作做出主要贡献的人员、有意将未对研究做出主要贡献的人员列为联合作者、有意不提及其他合作者的主要贡献、有意虚假引用、对个人工作状态提供不正确的信息(例如，将还未被出版社接受的文章称为"付印")等。在专家鉴定与同行评议阶段，包括有意隐瞒利益冲突，违反慎重职责专业保密性，有意或无意地错误评估，做出无事实根据的判断以使个人或第三方获利，等等。

瑞士科学院查处科研不端行为案件时，若无其他组织约束，涉嫌科研不端行为的所在机构应负责对举报作评估。因为它最熟悉当地情况，具有必要的专家资格，并能促进自我控制。各机构依据联邦和州的相关规定自行维护科学诚信。瑞士科研不端行为案件的查处组织包括调查员、科学诚信维护专员、实地调查小组和决策小组。每个机构必须任命一位调查员，指定其任期，在科学不端行为涉嫌案件中作为联系人，行使顾问与仲裁职责。每个机构必须任命一位科学诚信维护专员，指定其任期，负责指导程序执行和建立实地调查小组。每个案件中的实地调查小组至少由两位成员组成，由科学诚信维护专员指定，负责调查案件的事实依据。若需专家支持或想增加其结果的可接受度，也可召集外界专家。所在机构负责为每个案件提名决策小组的人员名单。非所在机构人员也可成为决策小组成员。决策小组代表所在机构做出决定，判定科学不端行为是否属实，提供证据，并提出对个人或机构的处理建议。

瑞士科学院查处科研不端行为案件一般包含下面一些程序条件：

听证会：每个案件的被举报人应被安排一场听证会，并可邀请一位亲近者或法律顾问。

记录存档：程序的所有步骤都应有确切时间的书面记录。所有相关文件都应被科学诚信维护组织或所在机构存档。

机密性：相关机构为涉及的当事人保密，举报人也可要求保密。所在机构应采取措施保护举报人以免受到报复或歧视，尤其是当举报人与被举报人有直接关系时。

杜绝偏袒：任何与举报人、被举报人以及任何其他当事人有直接或间接的亲密关系、友情或敌意、曾经或现在的竞争关系、经济或组织联系等，将被排除参与程序。任何可能的偏袒都应被杜绝。在任何程序的开始阶段，举报人和被举报人将被告知负责查处小组的人员组成。他们可以拒绝任何可能会偏袒的组员，如情况属实，负责小组成员将进行相应调整。

瑞士科学院查处科研不端行为案件一般包含下面一些程序过程：

咨询：所有人员(包括举报人)均可就科研不端行为事宜向调查员进行咨询，寻求建议。若此不端行为触犯了相关法律，则调查员必须告知举报人。无当事人的明确授权，调查员应对咨询过程中涉及的案件保持沉默，不对当事人采取任何行动，除非当事人自首或有明确要求，或是有相应的法律义务要求其给出声明。

指控：如果有科研不端行为的嫌疑，调查员可举行一场举报人和被举报人的听证。若危害较小，则调查员可自行适当处理。如果举报人或被举报人不服，可以在30天内向科学诚信维护专员提出异议。若调查员根据初步调查认为需要调查，则应将此案提交科学诚信维护专员，此时需提交书面材料。

取证：由科学诚信维护专员负责该程序并成立实地调查小组。为了确保有效证据并避免损害，专员可以采取必要的预防措施（如没收文档或封闭实验室等）。实地调查小组开展必要的调查。依照规定，调查可持续6个月。被举报人有机会就举报和第三方陈述进行申辩，出示证据，要求进一步取证。若可能危害公众，则科学诚信维护专员需报告上级并提议适当的处理措施。

程序中止：若不存在科研不端行为，则实地调查小组应以书面形式向科学诚信维护专员请求中止程序。在听取举报人和被举报人陈述后，科学诚信维护专员应对实地调查小组的中止请求做出决定。若其中有人提出反对中止程序，则科学诚信维护专员将此案移交决策小组。

决策小组提名：如果科学不端行为被证实完全或部分属实，则实地调查小组向科学诚信维护专员提交档案，并请求所在机构成立决策小组。

决议形成：决议小组不执行任何调查，根据实地调查小组所提交文件，听取举报人、被举报人和科学诚信维护专员的陈述后，形成决议。如果听讼过程产生不同观点，则决策小组可要求实地调查小组重新取证以补充卷宗。决策小组的工作不得超过三个月。若举报不实，则也应形成书面决议。若举报被证实完全或部分属实，则应在决议中记录何人有何科学不端行为。此外，决议小组可以向所在机构推荐一些个人或单位所需注意的举措，以减少科学不端行为的发生。但这些措施不能直接或间接地指向案例当事人，可以不在决议书中体现，而以其他形式通知。

通知：决议小组和科学诚信维护专员联合将书面决议通知给举报人、被举报人和所在机构。需要发布给公众的信息由所在机构或其上级负责。

制裁：科研不端行为的制裁应与所在机构适用的法律以及此类情况的处理措施相符。

申诉：举报人或被举报人可以在接到通知30天内，以书面形式向上诉委员会对决议小组的决定提出上诉。

瑞士科学院对于一般科研不端行为案件的查处程序如图所示。

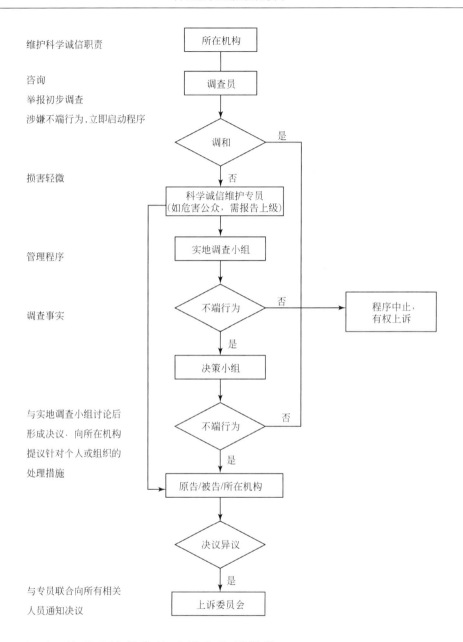

（三）科研不端行为的后果和处罚措施

为了维护学术的严肃性和纯洁性，避免科研不端行为的发生，各国一般按照情节轻重采取相应的处罚措施，而情节严重、触犯法律的则由相应部门进行法律制裁。一般性的处理主要包括收回或修改文章、收回资助、禁止获得资助、在监督下开展研究、禁止开展相关研究、调职、撤职、解雇、取消荣誉等。各国对这部分内容均有详细的政策或法律规定，从某种程度上讲，这些规定有诸多相似之处，以下列出的是德国马普学会关于科研不端行为的部分处罚规定。马普学会发布的关于科研道德的文件《涉嫌科研不端行为的处理程序规则》的附录中，给出了对科学不端行为的制裁意见。[①]

1. 学术方面

涉及科研不端行为的出版物，将取消发表（若未发表）或者进行更正（若已发表）；以合适的方式告知合作者；对于情节严重的科研不端行为，将告知相关研究机构和团体以及合作组织；尽可能地向第三方及大众公布信息；取消当事人的学术学位、头衔、荣誉，尤其包括博士学位和教师资格。

2. 聘任方面

机构可对涉及科研不端行为的个人予以警告处分，并将书面记录记入档案；情节严重、不可能延续雇佣关系时，可紧急解雇，但需要专门审议；可按合同正常解雇，但此种情况较少；也可协商共同终止合同；按法律规定，重大的科研不端行为足以导致当事人离职。

3. 民事方面

取消涉及剽窃等行为的学术材料或出版物的出版权，终止侵犯他人著作权、人身权、专利权和竞争权，归还资助或奖金，对相关机构或个人的人身损害、财产损失或其他损失进行赔偿。

4. 刑事方面

科研不端行为有可能涉及违反刑法，将按照相关法律法规进行处理，其中包括窃窃数据、篡改数据、利用他人隐私、故意或过失伤害或杀害、偷窃、贪污、诈骗、诈取国家津贴、伪造证件或学术记录、财产损害、侵犯著作权保护等。

二、国内科研道德的制度建设

自然科学研究的国际化程度较之人文和社会科学更强一些。国际社会特别是

---

① The Max Planck Society, Rules of Good Scientific Practice, Rules of Procedure in Cases of Suspected Scientific Misconduct, Catalogue of Conduct to be Regarded as Scientific Misconduct—Appendix. http://www.max-planck. de/english/careeropportunities/ombudssystem. 2009-03-14

欧美一些科技发达国家，制定的一系列科研方面的政策制度与道德规约必然会对我国科技界产生影响。20世纪90年代以来，我国科技界出现的一些科研不端行为在客观上要求制定一套适应中国国情的科研道德制度。中国科学院等单位在20世纪晚期出台了一些科研道德方面的管理规定，但总的来说较为零散，社会影响较小。我国科研道德的制度建设起步较晚，最近几年才开始大规模开展系统的科研道德制度建设。

（一）政府层面的科研道德制度

在防治科研不端行为的法规建设方面，科技部、教育部等相关政府部门已经出台了一些政策措施，尤其是科技部2006年发布的《国家科技计划实施中科研不端行为处理办法》（试行）影响较大。该办法是以部门规章的形式发布的，是目前为止我国具有最高法律效力的专门防治学术不端行为的政策。该办法对科研不端行为做出宽泛的定义，不但提供虚假信息、抄袭、剽窃属于科研不端行为；而且涉及人体的研究中违反知情权以及违反实验动物保护规定的内容也包括其中；此外还包括"其他科研不端行为"。我国新修订的《科技进步法》2008年7月1日正式实施，其中增加了若干条款，涉及加强科研人员的职业道德、科研诚信和惩处学术不端行为，这将为我国防治学术不端行为提供重要的法律依据。从目前情况看，出台针对"防治学术不端行为"相关法律的立法条件还不是非常成熟，因此，国内这方面的法律规定主要散见于科技进步法、知识产权法等相关法律条文中。

（二）科研机构、专业协会和基金组织的科研道德制度

1.《中国科学院院士科学道德自律准则》和《关于加强科研行为规范建设的意见》

中国科学院学部主席团会议于2001年11月9日通过了《中国科学院院士科学道德自律准则》[①]，要求中国科学院院士实事求是，反对弄虚作假、文过饰非；坚持严肃、严格、严密的科学态度；反对学术上的浮躁浮夸作风；坚决抵制科技界的腐败和违规行为；尊重合作者和他人的劳动权益，并正确引用他人的研究成果；反对不属实的署名和侵占他人成果；反对参与谋取不正当利益的行为；抵制和反对科研成果的新闻炒作；等等。

---

① 中国科学院院士工作局. 中国科学院院士科学道德准则. http://www.cas.ac.cn/10000/10022/10011/10004/10008/10004/2004/72843.htm. 2001-11-09

2007 年初制定《中国科学院关于加强科研行为规范建设的意见》[①]，对"科研不端行为"做了较为明确的界定。"研究和学术领域内的各种编造、作假、剽窃和其他违背科学共同体公认道德的行为"以及"滥用和骗取科研资源等科研活动过程中违背社会道德的行为"都是科研不端行为。该意见详细列举了 7 条认定标准：一是在研究和学术领域内有意做出虚假的陈述；二是损害他人著作权；三是违反职业道德利用他人的重要学术认识、假设、学说或者研究计划；四是研究成果发表或出版中的科学不端行为；五是故意干扰或妨碍他人的研究活动；六是在科研活动过程中违背社会道德；七是对于在研究计划和实施过程中非有意的错误或不足，对评价方法或结果的解释、判断错误，因研究水平和能力原因造成的错误和失误，与科研活动无关的错误等行为，不能认定为科学不端行为。前六条标准里每条又分别列举了各种不端行为的具体表现形式。这个定义比较准确地阐明了科学不端行为的内涵，比较全面地涵盖了其表现形式，是目前可用来判定科研不端行为的重要依据。

2. 《科技工作者科学道德规范》（试行）

中国科学技术协会于 2007 年 1 月 16 日在七届三次常委会议上审议通过了《科技工作者科学道德规范》（试行）。[②] 该文件适用于中国科学技术协会所属全国学会、协会、研究会会员及其他科技工作者。该文件提出了学术道德所涉及的多方面，诸如要求重视文献引用；尊重知识产权、个人隐私；确认科研工作参与人员的贡献；诚实严谨地与他人合作；耐心诚恳地对待学术批评和质疑；数据要确保有效性和准确性；保证实验记录和数据的完整、真实和安全，以备考查；不得利用科研活动谋取不正当利益；抵制一切违反科学道德的研究活动；在研究生和青年研究人员的培养中，应传授科学道德准则和行为规范；选拔学术带头人和有关科技人才时，应将科学道德与学风作为重要依据之一，等等。

该文件将科研不端行为定义为"在科学研究和学术活动中的各种造假、抄袭、剽窃和其他违背科学共同体惯例的行为"，并为应对学术不端行为制定了相应的监督程序。中国科学技术协会科技工作者道德与权益专门委员会收到对学术不端行为的投诉后，委托相关学会、组织或部门进行事实调查，提出处理意见。在调查过程中，应准确把握对学术不端行为的界定，并应遵循合法、客观、公正原则，尊重和维护当事人的正当权益，对举报人提供必要的保护。委员会负责科

---

①　中国科学院. 中国科学院关于加强科研行为规范建设的意见. http://www. cas. ac. cn/10000/10001/10001/2007/111201. htm. 2007-02-26

②　中国科学技术协会. 科技工作者科学道德规范（试行）. http://news. xinhuanet. com/politics/2007-03/24/content_5888992. htm. 2007-01-16

学道德与学风建设的宣传教育，并监督所属全国学会及其会员、相关科技工作者科学道德规范的执行情况，建立会员学术诚信档案，对涉及学术不端行为的个人进行记录，并向中国科学技术协会通报。

3. 《对科学基金资助工作中不端行为的处理办法》（试行）

国家自然科学基金委员会监督委员会于 2005 年通过了《对科学基金资助工作中不端行为的处理办法》（试行）①，适用于在科学基金申请、受理、评议、评审、实施、结题及其他管理活动中发生的不端行为，其中不端行为指"违背科学道德或违反科学基金管理规章的行为"。处理不端行为必须坚持的原则是人人平等、实事求是、民主集中制、惩前毖后、治病救人。对个人不端行为的处理方式包括书面警告、中止项目、撤销项目、取消项目申请或评议评审资格、内部通报批评、通报批评等。对项目依托单位不端行为的处理方式包括书面警告、内部通报批评、通报批评等。该办法还根据科研不端行为的严重程度阐述了不同的处理意见。

（三） 关于科研道德制度建设的建议

1. 建立健全国家层面的相关法律法规和政策

法律法规比道德规约具有更强的威慑力和约束力，是科研道德建设过程中最权威的制度依据，因此国家应该加强针对科研不端行为的立法工作。新修订的《科技进步法》第七十条进一步规定了科研不端行为的法律责任，对于我国科研道德建设意义特别重大。但是，目前我国还没有形成一个专门针对科研不端行为的国家层面的法律法规。西欧各国和美国以法律法规的形式对科研活动进行了规范，其他国家也已开始尝试形成相关法律政策。在我国，短期内形成正式法规的条件还不成熟，但更应在整理国内各单位组织现行规范制度的基础上，吸取国际上的有关经验教训，依据我国科研现状与发展方向，进行国家层面科研道德的立法，以使我国的科研活动严格在法律的规范下开展。

2. 公平正义应该成为科研道德制度建设的基本观念

实现全社会的公平正义是依法治国，建设社会主义法治国家的重要内容。同样，公平正义也是推动我国科研道德建设的重要内容。科研单位之间和科研

---

① 国家自然科学基金委员会监督委员会. 对科学基金资助工作中不端行为的处理办法（试行）. http://www. edu. cn/cover_report_1285/20060323/t20060323_138463. shtml. 2005-03-16

单位内部在资源配给、工资报酬分配等方面真正实现公平正义，对于优化科研道德的内外部环境、加快形成有利于自主创新的科研制度和人才环境、建设创新型国家都具有重大意义。因此，公平正义应该成为科研道德制度建设的基本观念。

3. 完善大学、研究所和基金会等科研组织内部的管理规定和制度

大学、研究所和基金会等科研组织应在国家或上级部门的法规与制度的框架之下，完善其内部的科研道德规范，积极防范科研不端行为的发生。各科研单位和组织应积极学习国内外的先进经验，结合本单位实际情况，建立健全自身的科研道德规范与相关制度。同时，各相应组织应积极承担责任，根据研究领域及单位不同特点，形成本行业、本机构的内部规范制度，负责对所辖的科研活动进行积极引导与主动监督，并对不端行为进行严格处理。这也是科研单位自身发展和保持科研权威与信誉的必要条件。

4. 强化科研道德规章制度的贯彻和落实

各级各类科研单位在制定、完善内部科研道德规约的基础上，应该增强贯彻和落实的力度，使得科研道德规约不仅写在纸上，而且印在科学工作者的心上，体现在具体的科研活动中。科研单位和科研人员均有责任强化对科研道德意义的认识，努力增进对科研道德规约的理解，积极营造良好的社会风气和科研氛围。增强科研人员自身的科研道德意识是解决科研不端行为问题的根本。因此，所有相关人员都应从自身做起，严格自律，主动提高在科研道德方面的认识和觉悟，身体力行。

5. 院士与著名科学家应该做遵守科研道德的模范和表率

院士是国家设立的科学技术方面的最高学术称号，不仅代表学术方面的权威，而且应是科研道德方面的榜样。反之，如果院士或著名科学家道德失范，涉及科研不端行为，则必将对年轻科研工作者以及整个科技界产生极其不良的影响。中国科学院院长路甬祥在接受光明日报记者采访时说："在新的历史时期，院士制度也需要不断地完善。中国科学院学部将继续强调爱国奉献、科学民主的优良传统，倡导严肃、严格、严密、严谨的科学态度，营造诚实守信、科学严谨、协力创新的良好学术氛围，坚决反对一切违背科学诚信的行为；号召广大院士正确认识院士群体和院士个体的关系，正确对待院士荣誉，在弘扬科学精神，推动和促进我国科技界道德与学风建设中发挥示范和带动作用。如有严重违背科学道德与政策的行为，我们一定会依照院士章程和有关规定严肃

处理。"① 因此，作为模范和表率的著名科学家、导师，更应以身作则，模范遵守科研道德规范。

第三节　科研道德的理论建设和教育培训

一、国外科研道德的理论建设和教育培训概况

科研道德的理论建设和教育培训是紧随着组织建设和制度建设而展开的。目前，国外科研水平比较高的国家普遍重视科研道德的理论建设和教育培训工作。20 世纪 80 年代以来，美国、欧洲等科技发达的国家和地区对科研不端行为的问题越来越关注，科研道德的理论建设和教育培训的组织架构和社会机制已经初步形成，并且产生了一批科研道德方面的理论成果。同时，欧美科技界也非常重视针对科研人员，特别是刚刚入行的年轻研究生进行科研诚信教育，科研机构和大学有关科研道德的教育培训逐渐走向正规化和常态化。

（一）国外的科研道德理论研究

在严格意义上，科研道德规约和制度的文本化过程就是关于科研道德的理论研究的开始。20 世纪 80 年代初，由于"巴尔的摩案件"等几起科研不端行为的案例相继被曝光，美国科学界和政府有关部门就意识到了问题的严重性。1982年，美国《科学、技术与人类价值》季刊首次发表了一组文章，探索了科学知识的质量问题，提出了对科学活动进行监控的观点。同年，美国出版的《背叛真理的人们——科学殿堂中的弄虚作假》一书披露并研究了大量的科研不端行为案例，指出了科研活动自我管理机制的缺陷。1989 年，美国国家科学院行为规范委员会对科学活动中的不端行为做了充分研究，并在此基础上撰写了确定科学家行为规范，监控科研不端行为的报告，公开发表在《美国国家科学院院报》上。1996 年，美国国会专门成立了由 12 名委员组成的"科研公德委员会"（CRI）。该机构经过一年多的调查研究以后，认为美国现行的针对有关科研不端行为的定义存在严重的遗漏和不足，进而确立了新的标准。2000 年 12 月，美国总统行政办公室所属的科技政策办公室发布《关于科研不端行为的联邦政策》，对"科研不端行为"给出了明确的定义，对发现科研不端行为的要求、联邦机构和研究机构各自的责任、联邦机构行政措施、其他组织的作用等方面做了具体的规定。

---

① 路甬祥．建设创新型国家必须加强科学道德建设．光明日报，2006-6-2

除了美国以外，欧洲、澳大利亚、日本等国家和地区对于科研道德和学术规范问题均给予了高度关注和研究。一些著名的学术期刊和新闻杂志都发表科研道德研究方面的成果和动态，如美国的《科学》(Science)、《时代》(Times) 等。1995 年创刊的《科学与工程界的道德》(Science and engineering ethics) 是一份专门致力于科学家和工程师道德问题研究的学术期刊。一些著名的学术机构和权威专家开始撰写、发表科研道德方面的著作，例如，美国国家科学院出版的《怎样当一名科学家——科学研究中的负责行为》(On Being A Scientist: Responsible Conduct in Research)，欧盟科研、培训和发展委员会发表的《走进欧洲科研领域》(Towards a European research area)，J. M. Ziman 教授的《为什么科学家们必须在道德方面更加敏感》(Why must scientists become more ethically sensitive than they used to be)，Peter Medawar 的《给年轻科学家的忠告》(Advice to a Young Scientist)，等等。

关于科研道德的理论研究主要集中在行为研究、现象研究、制度研究、学术生态研究和学理支撑研究等几方面。行为研究是根据科学研究客观规律的要求，研究科学道德的标准和科学家的道义责任，探索不同学科领域中共同的价值取向、科研规范和操作规程，为科研人员负责任的研究提供正面的行为规范，突出教育和引导的功能。现象研究主要着眼于科研不端行为的案例，通过对众多案例和种种科研道德失范现象的分析，研究科研不端行为的非正义性及其对科研的危害。这些反面的案例可以为科研人员提供教训，引以为戒。制度研究就是对策研究，根据科研道德失范的种种表现和当前社会的实际情况，探求监管、控制科研不端行为的途径和方法，寻找最佳的科研道德管理制度。学术生态研究实际上是一种社会环境研究，探究社会道德环境对科研人员的影响，分析科研不端行为产生的客观原因。许多情况下的科研不端行为并非科研主体的主观愿意，而是客观环境逼迫使然。学术环境对于科研道德的养成至关重要，良好的科研道德需要良好的学术生态，科研道德建设应该与学术环境的改善工作同步进行。学理支撑研究属于科研道德的基础理论研究，这类研究涉及科学哲学、科学史、科学社会学等学科有关科研道德的理论，是为科研道德建设提供学理支撑和理论依据的研究。

在所有这些研究中，最核心的内容是科研道德的定义、科研不端行为的认定以及相关概念内涵和外延的研究。美国国家科技委员会在"联邦政策"中对科研不端行为 (research misconduct) 做了很窄的定义，仅仅指建议、开发、评议研究以及报道研究成果的过程中所出现的伪造、篡改和剽窃。后来美国的一些科研机构逐渐把"其他不被认同的研究行为"作为科研不端行为定义的补充。丹麦、澳大利亚等国对于科研不端行为的认定包括非法转让著作权、误导资助的申请、有选择的公布或隐瞒研究结果、滥用权利、利益冲突的不当处理等内容。1997

年 12 月，英国研究理事会（RCUK）在发表的《捍卫正确科研行为》(*Safeguarding good scientific practice*) 联合声明中，强调了对科研不当行为的定义和说明，并对正确科研行为给出了明确的准则。该声明区别了两类科研不当：伪造数据和剽窃、误引、侵占他人成果。声明讨论了正确科学研究的原则和执行，特别提到了对年轻科学家的教育问题，包括原始数据的收集、项目书的提出、基金的使用以及同行的评价等。1999 年，BBSRC 发表《关于捍卫科学行为规范的声明》(*Statement on safeguarding Good Scientific Practice*)，阐述了必须遵循的一般条款，包括职业标准（诚信和开放）、专业行为规范、研究小组的领导和合作、对研究成果的评价过程、结果存档以及原始数据的保存、发表成果、对合作者或参与者的致谢、对新成员的培训等，明确规定现有成员有责任确保新人对正确科研行为的认识。该声明认为，科研诚信包括避免任何科学不当行为的义务，其中包括侵权（私自盗用他人的想法）、剽窃（未经允许复制思想数据或文本）、欺诈（有意的欺骗，数据造假，忽略分析，发表不合适的数据）。英国工程和物质科学研究理事会（EPSRC）发布的《科学与工程研究的行为规范》(*The EPSRC Guide to Good Practice in Science and Engineering Research*) 规定，正确科研的主要内容是科学工作的基本原则、科研小组的领导（领导有责任在组内引导正确科研的风气）和合作、对新手的培训、对原始数据的保护和保存（在研究机构的控制下以耐久的方式保存足够长的时间）。另外，正确科研还包括，申请基金时所提供材料的准确性、基金的合理使用以及仲裁人和陪审团成员的职责。英国医学研究理事会（MRC）在 2000 年发布认定的"正确科研行为"（Good Research Practice）中，提出了正确科研的一般概念是"一种观念上的态度体现在研究上"，认为每个科研人员、机构、基金、研究委员会都有责任来推动科研道德。在科研过程中的不同步骤都应该遵循科研道德的基本原则，如计划、管理、数据记录、结果报告、应用和拓展结果等。德国主要科研资助机构德意志研究联合会（DFG）于 1998 年发表《关于捍卫正确科学实践的建议》(*Recommendations for Safeguarding Good Scientific Practice*)，具体表述了正确的科研行为原始数据保存 10 年以上，署名作者对发表内容承担连带责任，等等。声明建议以下关键方面需要包含在正确科学行为的规定中：遵循职业标准；存档结果；一贯的质问自己的发现；对于合作者、竞争者或是前人严格的执行科学诚信；研究小组的管理和合作；对新研究者或学生的管理教育；保存和保护原始数据；科学发表。德国马普学会 2000 年发表报告《正确科研实践规范》(*The Rules of Good Scientific Practice*)，详细列出了有关科研道德的普遍原则：对获得和选择数据的学科规定的严格遵守，常规怀疑的规定，对自己结果可能产生的任何误解的系统性警惕；诚实竞争（如不能有意耽误审稿），伪造结论的发表，公正、诚实地评价他人或前人的贡献。该文件还强调了研究机构负责人的责任，特别是为年轻的科研工作者营造良好的研究氛围，并在其训练中加入科研道德教育，原始数据需要保存 10 年以上，管理机构要给出明确的执行条例，署名作者要承担责任。

（二）国外科研道德研究成果举要

1.《怎样当一名科学家：科学研究中的负责行为》（*On Being A Scientist*：*Responsible Conduct in Research*）

该书 1989 年由美国科学院出版社（National Academy Press）出版，1995 年推出第 2 版，到 2003 年 2 月在美国已经第 8 次印刷，同时美国科学院（NAS）的网站上还有供免费阅读的全文。该书的作者是美国科学三院（美国科学院、美国工程院和美国医学科学院）科学、工程与公共政策委员会（COSEPUP），具有很强的权威性，出版发行量超过 20 万册。第 2 版吸收了美国科学界关于科研道德方面的新政策、新资料，并注意结合一些新的案例，有针对性地阐明科研中经常遇到的若干敏感问题。该书的内容涉及科学的社会基础、实验技术与数据处理、科学中的价值因素、科研中的利益冲突、科研成果的发表与公开、荣誉分配、署名惯例、科研不端行为与疏漏、对科研道德失范的回应等。在该书附录中有"案例研究的讨论"，包括数据选择、利益冲突、学术研究的企业资助、研究材料的共享、取得应得的荣誉、发表成果的惯例、基金申请中的捏造、剽窃一例、权衡的过程等内容，具有较强的针对性和实用性。该书尽管只是一本篇幅很短的小册子，但是一部规范科学家科研行为的经典性著作，是美国理科研究生和本科生的必读书。该书强调科学研究事业与人类其他活动一样均应建立在诚信的基础之上，科学共同体应当维持较高的信用水平。该书结尾说："当科学与日俱增地渗透到人们的日常生活中，研究事业本身也逐渐变化着。但是研究事业所赖以生存的核心价值———诚实性、怀疑性、公正性、协作性、开放性，依然保持不变。这些价值有助于成就具有无与伦比高效性和创新性的一种研究事业。只要这些价值依然保持强势，科学以及它所服务的社会，就会继续繁荣。"这就是该书所倡导的科学观和价值观。我们相信该书对中国科技管理人员、科研人员和研究生具有重要参考意义，是我国科研道德理论建设和教育培训的重要参照物。

2.《科研道德：倡导负责行为》（*Integrity in Scientific Research*：*Creating an Enviroment That Promotes Responsible Conduct*）

该书可以看做《怎样当一名科学家：科学研究中的负责行为》的姊妹篇，是美国医学科学院、美国科学三院国家科研委员会撰写的一份研究报告，出版的时间是 2002 年。从 20 世纪 80 年代开始，美国科技界经过 20 多年的摸索和努力，在科研道德建设方面已初步建立了一整套教育、管理和监督的机制和体制。该书就是美国科研道德建设的经验总结，还有许多建设性的设想和提议。该书把科学研究的 "正直"（integrity）概括为如下几个方面：在建议、执行和报告研究工作时智力上的诚实，准确陈述对研究建议和报告的贡献，同行评议中的公平，在科学互动（科学交流和资源共享）中的完全、公开和及时，在利益冲突或潜在利益冲突时的透明，在研究过程中对人类对象的保护，在研究过程中对动物的关怀，对研究者及其团队之间相互责任的忠诚。该书除了引言和附录以外主要有六章，分别是 "科研工作中的诚信"、"研究环境及其对科研道德建设的影响"、"科研机构推进科研道德建设的途径"、"用教育推动科研道德建设"、"自我评估评价方式"、"结语与建议"。该书强调科研机构在营造高尚道德环境方面所起的重要作用；阐述了科研机构需要为其工作人员提供这方面的培训和教育、政策和程序以及工具和支撑系统，使科研人员恪守科研道德；阐明了诸如同行评审和涉及将人作为研究对象等方面所反映的科研道德诚信的做法；说明了科研机构自我评估工作的长处和局限；详细论述了科研人员在接受道德教育的过程中的培养方式，包括如何建立有效的课程设置；等等。

2003 年中国科学院学部科学道德建设委员会代表团访美时，美方接待单位馈赠了该书的版权，院士工作局组织了包括多位院士在内的大量人员进行该书的翻译和审订。周光召在该书汉译本《序言》中称其 "总结了科学研究过程中的道德规范，指出了遵守科学道德的极端重要性。这是一本好书，值得我国科技界学习和借鉴"。"中国科学院决定将本书赠送给每一位院士，要求中国科学院院士带头从自身做起，洁身自好，严以自律，求真唯实，淡泊名利，坚持发扬优良的科学道德与学风，共同杜绝个别违法和有损道德的行为，努力做一个优秀的人民科学家，不辜负社会给予院士的崇高荣誉。""希望年轻的科技工作者都能抽时间读一读这本书。让我们大家为我国科技界建立良好学风，树立高尚品德，更好地服务社会而共同努力。"所以，该书不仅可以为科研人员个人提供道德规范参照，而且可以为科研和教育机构在科研道德建设方面提供了一个极为实用的运作框架，具有重要的借鉴和指导意义。

3.《谁想成为科学家：选择科学作为职业》(*Who Wants to be a Scientist*?: *Choosing Science as a Career*)

该书作者是英国科学家南希·罗斯韦尔（Nancy Rothwell），现任英国医学研究理事会（MRC）研究教授、神经科学委员会主席。作者还是英国医学科学院院务委员、英国癌症研究会理事、生物科学联合会动物学会主席、英国神经科学协会理事长。1994 年，作者到曼彻斯特大学主持生理学研究，致力于研究中风等疾病对大脑造成损害的机理，培养了约 30 位博士生，对于培养、教育青年科学家颇有心得，特别是科研道德方面见解深刻。该书认为从事科学研究是非常耗费精力的，它所需要的远不只是对于科学的渴望之心和实践能力，还包括如何处理好与导师的关系，怎样进行成功的演讲，如何发表高质量的论文并成为知名者，如何向公众传播科学等。所有这些过程都离不开科研道德和学术规范。全书包括 14 个方面的内容，细致描述了做实验、发表文章、申请科研经费、担任职务、会议交流、传播科学等所有与科研有关的规则和事项，甚至是实验中数据的记录。该书告诉我们，在科学研究领域，做一个有道德的人才是立足的根本。

该书作者是科研专家，又是培养年轻科学家的亲身实践者，他的经历和体会不仅仅对准备选择科研作为职业的年轻人有重要的启发意义，而且对于科学家指导年轻的助手和研究生也有借鉴的意义。

4. 《科学家的不端行为：捏造·篡改·剽窃》

该书日文原著发表于 2002 年，作者是日本学者山崎茂明。全书除了前言、绪论和附录以外，主要内容包括 12 章。第一章介绍美国研究诚信办公室之行；第二章介绍作者在美国发现的受到举报的日本科学家的科研不端事件——艾奥瓦大学某内科研究者事件、日本的肝病研究者事件、哈佛大学癌症研究所事件；第三章介绍美国科学家不端行为的表现以及调查处理；第四章论述科研不端行为的定义和表现形式；第五章以日本的不端行为事例讨论科研道德问题；第六章介绍海外主要事例及各国对策；第七章从审查制度着眼论述科研不端行为；第八章论述署名权和发表的伦理；第九章论述学术论文的撤回及其检索；第十章介绍科学发表伦理的信息中心；第十一章日本应对科研不端行为的对策建议；第十二章介绍该书的写作和完成情况。山崎茂明通过大量的事实举例和统计数据表明，科研不端行为普遍存在，最主要的表现形式有三种：捏造、篡改、剽窃。作者认为科研不端行为与人性、各国具体的学术环境和整个社会大环境存在密切相关性，他认为科学家道德失范的主要诱因是现实的利益诱惑、业绩至上主义和社会期望值过高。所以，作者提出了人性化的治理科研道德失范的策略，认为科学家的科研道德建设才是预防不端行为的最好方法，"预防"胜于"抓捕"，应该重视科研道德教育，实施"科学伦理教育课程"。

（三）国外科研道德的教育培训和宣传引导

面对科学界科研道德失范问题越来越严重的局面，世界各国，特别是发达国家纷纷行动起来，制定策略，积极应对，采取了一系列的监管措施。他们普遍认为，通过教育培训和宣传引导，提高科研人员的道德意识和遵守科研规范的自觉性，是解决科研不端行为问题最根本的方法。所以，欧美各国和亚洲的一些国家都非常重视科研道德的教育和培训，特别强调对那些刚刚进入科研行业的年轻从业者的科研道德教育和培训。欧美各国基本上都很重视对大学生、研究生的科研道德教育，把科研道德规范和学术诚信教育作为必修课，要求大学新生签署诚信保证书，订立学术诚信誓约。同时，对于论文或作业抄袭等不端行为，欧美等国采取严厉措施进行处罚。一些发达国家的政府、科技界和教育界正在通力合作，形成合力，营造良好的科研道德环境，构建完善的科研诚信教育体系，把科研道德教育看成国家教育事业和科研事业的重要组成部分。

1. 世界研究诚信大会产生积极作用

世界研究诚信大会于 2007 年 9 月 16 日至 19 日在葡萄牙里斯本召开。中国派出两名相关的专家参加会议。大会由葡萄牙科学技术及高等教育部主办，由欧洲科学基金会和美国研究诚信办公室共同组织。大会的目的是为了推动科研诚信和促进负责任研究行为，交流信息，促进各国针对这一问题展开深入的对话，并将重点放在体制和制度方面，为建立一个在全球范围内不断探讨和应对科研诚信问题的框架做出努力。大会没有拒绝任何对科研诚信问题有兴趣的申请者，但是，大约有 75 位申请者受到大会的邀请，却由于经费的原因没有到会，尽管国际科学联合会理事会和北大西洋公约组织为来自发展中国家的与会者提供了一定的旅费资助。最终出席大会的有来自 47 个国家的 275 位代表，其中包括来自中国大陆的两名专家。作为促进科研诚信问题展开全球性对话的首次大会，有来自如此多的国家、有着如此不同背景的人员参加，本身就是一种影响。大会就科研全球化趋势中负责任研究的一些问题达成共识：

其一，有必要制定清晰一贯的机构政策和国家政策；

其二，建立全球科研诚信方面的信息交流中心；

其三，应该举办第二届科研诚信大会。

根据大会总结报告提供的信息，83% 填写了大会评估表的与会者认为，应该在近几年举行第二届世界研究诚信大会，并且强烈建议下一届大会的议题应该更集中地研讨一些有挑战性的问题，如科研中的利益冲突、数据共享、署名问题等。为此，大会建议第二届世界研究诚信大会于 2009 年末或 2010 年初召开，并建议欧洲科学基金会和美国研究诚信办公室为大会筹集启动资金。世界研究诚信大会有望为人类科研道德的理论研究和教育引导产生积极作用。

2. 美国注重科研诚信方面的教育和宣传

美国在科研诚信的教育培训和宣传引导方面，强调以事前教育为主，以事后处罚为辅，教育和惩处相结合。美国政府积极促成科学界和教育界互相配合，积极营造有利于养成良好科研道德的社会环境和文化氛围，保证了美国科研诚信建设的良性发展。

美国科研诚信办公室的下属机构中有诚信教育部，针对学术机构和大学的研究生院开展负责任研究行为（responsible conduct of research，RCR）的教育计划，通过 RCR 资源开发计划、研讨会、展览、网站以及出版物等丰富多样的形式，鼓励研究机构和大学开展科研诚信研究和普及推广活动，教育青年科研人员遵守科研道德。这样，美国研究诚信办公室的职能也发生了变化，从过去单纯地查处科研不端行为案件，扩展到今天的多种职能，包括科研道德研究、教育培训、通报相关信息、制定政策法规等。美国科研诚信办公室卓有成效的工作对于防范和处理科研中的不端行为，净化科研环境，保证科研健康发展，发挥了重要的作用。研究诚信办公室十分重视帮助有关机构和社会团体对其成员进行科研道德教育，促进 RCR 转化为一种文化习惯和社会体制。例如，他们努力使研究诚信成为生物医学和行为科学研究共同体的工作基础。研究诚信办公室诚信教育部还定期向社会和公众发布科研不端行为的信息，发挥警示和教育的作用，发行《研究诚信办公室通讯》（*Office of Research Integrity Newsletter*）季刊。

美国的教育部门是科研道德教育的主要力量。美国学生从小学和中学阶段就开始接受诚信教育，大学生从入学报到的那一天就接受严肃认真的科研道德教育。许多大学的新生手册中包含有诚信条例，诚信教育是新生入学教育的重要内容。有的大学每年都开展"诚信周"等活动，集中时间进行专门的教育，强化学生的科研诚信知识和道德意识。学校还会通过网站、宣传短片和定期出版科研诚信刊物等灵活多样的形式开展宣传教育。杜克大学和加利福尼亚大学圣迭戈分校都设立了专门负责科研道德教育和研究的机构。美国的科学界和教育界认为，青年学生是科学研究希望和未来，青年学生的诚信品质和科研道德对国家未来的科学事业意义重大。

美国联邦科研资助机构普遍采用的科研诚信"保证体系"（assurance system）也是一种有效的监督教育形式。美国国家科学基金会和国立卫生研究所等联邦资助机构在资助规定中明确要求申请资助的研究机构和个人，必须就本单位和本人遵守科研诚信制度、杜绝科研不端行为做出承诺，并出具书面保证，每年还必须上报一份关于本机构科研道德状况的年度报告。如果出现科研不端行为，就取消其申请资助的资格。这样，资助机构可以及时有效地发挥对接受资助的机构或个人的监管职能和教育作用。

3. 欧洲国家积极开展科研道德的教育宣传和培训工作

英、德、法以及芬兰、比利时等国家非常重视科研道德教育。欧洲科学基金会 2000 年 12 月发布《在研究和学术领域的科学行为规范》，其中第 44 条至第 48 条都是科研道德教育培训方面的内容。该规范文件强调科学家应该发挥"对青年研究人员的培训、发展及良师益友作用"。欧洲科学界认为，培养青年研究人员是科学界所有人的重要职责之一，而且对青年科研人员的教育培养不应该局限于学术知识和专业技能。为了使他们能够进行研究工作，并成为独立调查研究人员，在培训中还应教授科学领域的道德准则和科学行为规范。过去青年科学家非正式地学习过一些这方面的价值观和规范，他们在资深科学家身边工作，也能受到这方面的影响。当前，需要更正规的教育来帮助青年科学家，使他们懂得科学纯洁的重要性，并在他们的事业生涯中，尽可能早地遵守科学行为规范。这份文件表明，目前欧洲一些大学定期地为研究生讲授科研道德方面的课程。当然，他们也通过出版物进行科研道德教育。例如，美国国家科学院出版的《怎样当一名科学家：科学研究中的负责行为》就是欧洲年轻科研人员的必读书。他们认为该书虽然是针对美国读者编写的，但它所描述的原则和价值观，对全世界都是有效的。

德国马普学会规定，青年科研人员在进入马普工作以前，必须接受学术道德的特殊培训。这种类似于岗前培训的教育活动，目的就是让研究人员明白，哪些属于科研不端行为，怎样做才能避免科研道德失范。德国国家研究资助机构德意志研究联合会（DFG）于 2001 年开始强制推行《关于保障良好科学实践的建议》，要求国内大学和研究机构必须接受，否则就失去获得 DFG 资助的资格。该"建议"文件明确要求各被资助的组织强化对青年研究人员的指导和教育，特别是科研行为规范方面的教育和训练。科研团队的领导应该担负科研道德教育的责任，要通过良好的沟通和严格的管理帮助研究生、高年级本科生和博士后研究人员强化科研道德意识。DFG 规定，除了一名导师对研究生进行学术指导以外，还应该有两位资深科学家在必要时协助处理利益冲突问题，监督研究生的科研道德行为。这两位科学家不能来自同一个科研小组，甚至要求来自不同的学校。DFG 认为这两位科学家可以为研究生的科研诚信增加安全系数。几乎所有的德国大学和科研机构都执行了 DFG 的这项规定，汉堡大学、慕尼黑大学、不来梅大学等高校还增加了一些条款，对这一规定进行细化和修订，强化研究生的科研道德教育和培训。

2001 年 10 月 9～23 日，中国科学院学部科学道德建设委员会副主任张存浩院士一行7人访问欧洲，与英、法、德三国的13个有关科学机构的42位负责科学道德伦理工作的管理官员和科学家进行了访问交流。他们回国以后提交的《访欧总结》认为，这些国家目前在如何培训科学家问题上，还没有统一的、各方都认同的方式。但无论怎样，他们都要求科学家在向年轻科学家传授知识的同时有责任进行科学道德伦理的教育。法国农业科学院所属单位80%都做了这方面的工作。各国对于青年科技人员的科学道德问题都十分重视。在德国，要对青年科技人员讲授道德课，甚至在签约时要求把"good scientific practice"作为签约的一项内容。他们把好的科学实践不仅作为一种行为道德要求，而且是是否履行合同、是否签约的一项硬性要求。尤其需要强调的是，欧洲的大学普遍开设了道德课。

二、国内科研道德的理论建设和教育培训

（一）国内科研道德的理论建设

早在20世纪80年代初，我国科学界的有识之士就开始呼吁重视科研道德的研究和教育工作。1981年，邹承鲁等4位中国科学院的学部委员曾经在《中国科学报》发表文章，倡议开展"科研工作中的精神文明"讨论。在这次持续一年的讨论中，许多科研人员和科研管理人员认为科研道德研究和相关的教育培训，对于我国的科技发展具有重大意义。我国科研道德研究基本上分布在科学哲学、科学社会学、科研管理、伦理学和思想政治教育的学科范围内。到目前为止，我国公开发表的科研道德方面的论文大约数百篇、论著数十部，其中大多数集中在人文社会科学领域，而且基本上停留在现象罗列和道德批评的层面，专业性、学理性、建设性的研究相对不足。

1. 我国科研道德理论研究工作的两个方面

1）翻译国外的科研道德方面的法规文本和理论著作

应该承认，欧美等科技发达国家在科研道德理论建设方面走在我们的前面，他们的研究与我们相比要更加全面、深入。因此，我国科研道德的理论建设是从翻译开始的。例如，10多年前，我国科学出版社就翻译出版了美国科学三院的《怎样当一名科学家》。最近北京大学出版社又出版了《怎样当一名科学家》的姊妹篇：《科研道德：倡导负责行为》。到目前为止，我国翻译出版的国外科研道德理论著作有20本左右，国际上有影响的科研道德方面的理论著作基本上都有汉译本。

2）建构中国本土的科研道德理论体系

虽然科学文化具有超越国界的普适性，但是科学家和科研环境具有特殊性。因此，构建中国本土的科研道德理论体系对于促进我国科学事业的发展，维护我国科研工作的健康运行具有重要意义。在过去的10多年中，我国学者在科研道德方面的研究主要集中在对象概念研究、学术生态研究、整治对策研究等几方面。厘定科研越轨、不端行为和学术腐败等概念是科研道德理论研究的基础性工作。我国学者一般认同广义的科研道德概念。他们认为在科研活动的任何阶段，凡是违反那些被普遍接受的行为准则和价值观念的行为都属于科研道德失范问题。中国科学院《关于加强科研行为规范建设的意见》把科研不端行为概括为虚假陈述、损害他人著作权等7大类。有人曾经把科研不端行为归纳为科研立项中的虚报业绩、成果形成中的伪造数据、成果鉴定中的收买贿赂以及成果发布中的迷信权威、不实挂名等8个方面。① 对于科研不端行为产生的原因，研究者一般认为由科技界内在的因素和外部环境两个方面组成。由于现行的科研体制过分依赖科技界的自我约束机制，过分相信权威人士，导致科学共同体内部缺少足够的监督和约束力量。在整治对策方面，我国学者也提出加强科技立法、强化科学家的道德意识、营造良好的社会环境和舆论环境、改善现行的科技奖励制度等建议和措施。

2. 国内科研道德研究成果举要

1）《科学研究的道德与规范》

该书主要针对自然科学研究领域的道德规范问题，把科研不端行为放在学术道德、研究规范、法律制度三个层面加以区分和比较，并论述了科学研究中的利益冲突和控制。全书除附录部分外，包括七章。第一章论述什么是科学和科学的意义；第二章论述科学研究的特性和研究行为的基本要求；第三章论述约束科学研究行为的三个层次——道德、规范和法律；第四章论述学术规范和学术不端行为，并就科学基金的申请和执行以及学术论文写作等方面展开具体论证；第五章和第六章分别论述科学研究中的道德规范和相关的法律制度；第七章专门论述科学研究中的利益冲突及其控制。该书作者是冯坚、王英萍和韩正之，由上海交通大学出版社于2007年出版。

2）《学术越轨批判》

该书从教育学的角度研究科研道德问题，围绕学术越轨与大学学术管理这一对矛盾展开，透过学术越轨现象，探寻学术越轨的根源与本质，力图为大学学术

---

① 李红芳．近年科学越轨问题研究评述．科技导报，2000，（3）

越轨问题的整治提供一条思考路径和方法。除附录外，全书共八章。第一章是引论，主要介绍该书的研究动因、研究方法、研究思路和理论支撑体系；第八章是余论，论述学术越轨需要综合治理的三点想法。中间的主体部分为第二至七章。第二章论述学术研究的应然本质、学者的使命和责任以及学术越轨的文化本质；第三章剖析学术越轨的原因，分别从社会学和经济学的角度进行制度分析和文化透视；第四章论述学术越轨治理的理论基础，并对我国大学学术管理问题进行反思；第五章提出科研道德建设制度化的几点建议；第六章论述学术越轨与大学学术自治；第七章是大学学术越轨的社会控制。作者王恩华，由湖南师范大学出版社于 2005 年出版。

此外，叶继元的《学术规范讨论》（华东师范大学出版社 2005 年出版）是一部理论性和实用性都比较强的科研道德专著。该书虽然侧重于人文社会科学，但对科研道德的理论研究具有参考意义。

（二）国内科研道德的教育培训和宣传引导

一般来讲，科研道德理论的成果一经发表，转化为公共出版物，就具备了教育功能。"读本"、"指南"类型读物的教育引导功能更强。当前，我国科学界和教育界越来越重视科研道德的宣传引导和教育培训。教育部、科技部、中国科学院等政府部门和科研机构纷纷出台科研道德教育方面的政策和文件，采取了一系列的具体措施，加大科研道德方面宣传引导的力度，强化广大科研人员和在读研究生的道德意识。

教育部早在 2002 年就印发了《关于加强学术道德建设的若干意见》，强调高等学校校长要亲自抓学术道德建设，形成全面动员、齐抓共管、标本兼治的工作格局。文件要求将端正学术风气、加强学术道德建设纳入学校校风建设的整体工作，统筹规划和实施，使这项工作真正落到实处。要充分发挥学校学术委员会、学位评定委员会等学术管理机构在端正学术风气、加强学术道德建设中的作用，明确其在学术管理和监督方面的职责，完善工作机制，保证学术管理机构的权威性、公正性，必须加强对青年教师和青年教育工作者的自律和道德养成教育。要将教师职业道德、学术规范和知识产权等方面的法律法规及相关知识作为青年教师岗前培训的重要内容，并纳入学生思想品德课教学内容。鼓励开展健康的学术批评，努力营造良好的学术风气。2006 年发布的《教育部关于树立社会主义荣辱观进一步加强学术道德建设的意见》再次强调加强学术道德建设的现实意义。文件指出，学术道德是科学研究的基本伦理规范，是提高学术水平和研究能力的重要保证，对增强自主创新能力、促进学术繁荣发展具有不可忽视的重要作用；

学术道德是人才培养的重要内容，与学风、教风、校风建设相互促进、相辅相成；学术道德是社会道德的重要方面，对良好社会风气的形成具有示范和引导作用。要将职业道德、学术规范和知识产权等方面的法律法规及相关知识作为青年教师岗前培训的重要内容。

（三）关于科研道德理论建设和教育培训的建议

1. 我国的高等学校特别是研究型大学应该普遍开设科研道德课程

恩格斯说："每一个行业，都各有各的道德。"①科研道德是科学共同体的职业道德。解决科研道德问题最根本的办法是教育。科研道德教育应该从早抓起，从学生阶段就应该养成诚信的良好品德。诚信教育应该成为大学生思想道德教育的重要内容。研究型大学更应强化科研道德教育。目前我国高校普遍开设了"思想道德修养与法律基础"课程，主要侧重于意识形态方面的教育，诚信教育和科研道德教育方面的内容不多。我们建议利用我国在思想政治工作方面的政治资源和有利条件，增加科研道德教育的权重，开设相关课程或讲座，让每个大学生和研究生明白科研规范的具体要求，养成良好的科研习惯和道德品质。研究型大学的学生将来会有很大一部分比例投身到科研事业中，给他们传授科研道德的知识和理念具有更加重大的意义。中国科学院科学道德建设委员会主任、北京大学前任校长许智宏院士认为导致科研不端行为的原因很多，其中主要一条是学术规范的基本训练不够。他说："在很多情况下，并不是研究者故意触犯学术道德或科研行为不端，而是缺乏基本训练和常识。所以，我们应该一开始就要对青年人特别是大学生进行基础训练，告诉他们怎样的'引注格式'是正确的，怎样的引述是不能做的。"②

2. 尽快建构科研道德理论研究的学术平台

国外一些著名学者多年前就开始从事科研道德的理论研究，而且发表了科研道德方面的论文和论著，这与国外有专门发表科研道德研究的学术期刊和研究平台有很大关系。目前，我国科研道德的理论研究工作还没有专门的队伍和阵地。为了科研道德建设的健康发展，我国应该尽快构建科研道德理论研究的学术平台。例如，科研管理类的学术期刊可以专门开辟一个科研道德方面的栏

---

① 马克思，恩格斯. 马克思恩格斯选集. 第4卷. 中共中央马克思恩格斯列宁斯大林著作编译局编译. 北京：人民出版社，1995. 240

② 文静，许智宏. 多数科研不端行为源于学术规范基本训练不够. http://www.science.net.cn. 2007-08-30

目，发表相关论文；还可以创办科研道德研究的学术期刊和网站等；有关部门还可以酝酿成立科研道德研究学术团体和专业协会。

3. 强化科研人员的岗前培训、重视加入科研队伍的入行誓约

社会许多职业都强调岗前培训，科学研究是一个专业性非常强，道德要求非常高的职业。大学和研究机构在接收新教师、新研究人员的时候，应该对他们进行岗前培训，而且应该把科研道德作为教育培训的主要内容之一。入行宣誓或签署科研诚信誓约也可以作为科研人员岗前培训的有效形式。科研人员晋升职称的时候，可以进行科研道德宣誓。

4. 科研道德的教育培训应该是科学共同体的全员培训

我们应该高度重视对年轻的研究生和那些刚刚进入科研行当的年轻人的科研道德教育，同时也不能忽视资深科学家，甚至院士们的科研道德教育。著名科学家、院士往往担负国家重要的科研任务，作用大、影响大，他们的科研道德状况对于我国的科研事业具有举足轻重的意义。他们在科研道德方面的出色表现对全社会的科研人员能够起到示范和表率的作用。反之，如果院士和资深科学家在科研道德方面出了问题，其负面影响也是无法估量的。科技部原部长徐冠华说：我们要努力破除公众对科学技术的迷信，揭去披在科学技术上的神秘面纱，把科学技术从象牙塔中赶出来，从神坛上拉下来，使之走进民众，走向社会。[①] 他还说："科学技术在今天已经发展成为一种庞大的社会建制，调动了大量的社会宝贵资源；公众有权知道，这些资源的使用产生的效益如何，特别是公共科技财政为公众带来了什么切身利益。"[②] 著名科学家、院士由于科研水平高、影响大，他们往往承担着重要科研任务，掌握着大量科研经费，从科研道德建设的角度看，科研人员的科研经费越多，身上担负的责任就越大。

5. 科研道德的教育培训工作应该与组织建设、制度建设、理论建设协调同步

科研诚信缺失，科研不端行为屡屡出现是科研道德建设面临的严峻现实问题。重建科研诚信、强化科研主体的责任和道德意识、惩处道德失范和不端行为需要切实做好科研道德的组织建设和制度建设。组织是科研道德建设和科研

---

① 徐冠华．揭去披在科学技术上的神秘面纱．http://www.people.com.cn/GB/kejiao/42/152/20021/218/890743.html. 2002-12-18

② 徐冠华．2002年"全国科普工作大会"讲话转引自：李永威，马惠娣．科普、科学、科学素养．清华大学学报（人文社科版），2003，6

管理实践的主体，制度是科研管理的依据。科研道德组织在运行过程中必然需要制定、实施相关的科研道德规约，并且不断地修改、完善这些科研道德规约并使之制度化。在科研道德组织建设和制度建设基础上进行的理论建设是基础性工作。运用相关科研道德理论教育培训科研人员，促使他们加强自律，有意识地从事负责任的研究，这是科研道德理论对实践指导性的体现。组织建设、制度建设、理论建设是科研道德建设事业中的相互关联的几个方面。

6. 定期、不定期地召开全国和地方性的科研道德会议

在科研道德建设过程中，定期、不定期地召开全国和地方科研道德会议是非常必要的。举办各种科研道德会议应该成为各级各类科研道德组织工作内容的一部分。在科研道德制度建设的过程中，我们可以通过会议交流经验、体会，进一步完善科研道德制度。科研道德会议对于理论研究和教育宣传更具有明显的积极意义。2007 年在葡萄牙里斯本召开的世界研究诚信大会对于国际范围的科研道德建设产生很大的推动作用。这对我国的科研道德建设具有重要的启发意义。科研道德会议的形式可以多种多样，可以是全国性的大会，也可以是地区、部门的会议。

7. 利用我国传统文化中的道德教育资源，在科学与人文的结合中实现教育目的

我国传统文化具有极其丰富的道德教育资源。道德教育和人格培养是中国传统文化的优势领域。科研道德教育应该充分利用祖先留下的文化资源，古为今用。翻开历代典籍，道德教育和人格培养方面的资料数不胜数。在诚信方面，中国古人认为诚信的品格是道德的根本。所以，荀子说："养心莫善于诚。"①孔子则认为"人而无信，不知其可也。"②"民无信不立。"③诚信是做人的基本原则，"与朋友交，言而有信。""信近于义"④。在道德践履和自我修养方面，孔子和荀子都提倡道德主体应该在人格自我完善中发挥能动作用。"吾日三省吾身。"⑤"见贤思齐焉，见不贤而内自省也。"⑥"道虽迩，不行不至；事虽小，不为不成。"⑦利用我国传统文化中的道德教育资源，通过科学文化与人文文化的结合、认知理性与价值理性的结合，实现科研道德教育目的。正如

---

① 荀子·不苟
② 论语·为政
③ 论语·颜渊
④ 论语·学而
⑤ 论语·学而
⑥ 论语·里仁
⑦ 荀子·修身

中国科学院院长路甬祥所说：加强科学伦理和道德建设，需要把自然科学和人文社会科学紧密结合起来，超越科学的认知理性和技术的工具理性，而站在人文理性的高度关注科技的发展，以保证科技始终沿着为人类服务的正确轨道健康发展。①

① 中新社．中科院院长路甬祥呼吁加强科学伦理和道德建设．http://www.cos.cn/10000/10001/10006/2002/41685.htm，2002-12-10

参 考 文 献

陈国达．1991．怎样进行科学研究．北京：科学出版社

陈国剑．2006．科技论文著编规范．开封：河南大学出版社

陈家顺，王国红，王军华．2008．学术论文"一稿多投"现象透视．湖北师范学院学报（自然科学版），（2）

陈省平等．2007．科技项目管理．广州：中山大学出版社

丛立先．2007．网络版权问题研究．武汉：武汉大学出版社

戴陵江等．1991．科学研究指南．成都：成都科技大学出版社

刁生富．2001．大科学时代科学家的社会责任．自然辩证法研究，（7）

冯坚，王英萍，韩正之．2007．科学研究的道德与规范．上海：上海交通大学出版社

龚旭．2004．美国国家科学基金会的同行评议．中国基础科学，（5）

郭碧坚．2001．科研项目实施的方法论．科学学研究，（6）

郭碧坚，韩宇．1994．同行评议制——方法、理论、功能、指标．科学学研究，（3）

国家自然科学基金委员会．2009－03－18．国家自然科学基金委员会监督委员会简报．http：∥www. nsfc. gov. cn/nsfc/cen/00/its/jiandu991013/jianbao_more. html

洪晓楠．2005．科学文化哲学研究．上海：上海文化出版社

胡明铭，黄菊芳．2005．同行评议研究综述．中国科学基金，（4）

科学技术部国际合作司，中国科学技术信息研究所编．国外科研诚信制度综述（内部资料）

李光玉等．1987．科学研究与道德．武汉：华中工学院出版社

李兴昌．1995．科技论文的规范表达：写作与编辑．北京：清华大学出版社

刘科．2004．科学界的反克隆人运动：理由及选择．自然辩证法研究，（9）

楼慧心．2003．马太效应与大科技研究．自然辩证法研究，（7）

马费成等．2005．数据资源管理．北京：高等教育出版社

马来平．2003．科学发现优先权与科学奖励制度．齐鲁学刊，（6）

马柳春．1994．国际版权法律制度．北京：世界图书出版公司

美国医学科学院，美国科学三院国家科研委员会．2007．科研道德：倡导负责行为．北京：北京大学出版社

［美］美国科学三院科学、工程与公共政策委员会．1996．怎样当一名科学家：科学研究中的负责行为．何传奇译．北京：科学出版社

［英］南希·罗斯韦尔．2006．谁想成为科学家：选择科学作为职业．上海：上海科技教育出版社

［日］山崎茂明．2005．科学家的不端行为：捏造·篡改·剽窃．北京：清华大学出版社

沈志真．2002-11-29．"克隆狂人"安蒂诺里重申克隆婴儿明年1月出生．http：∥tech. sina. com. cn/o/2002-11-29/1148152907. shtml

王恩华 . 2005. 学术越轨批判 . 长沙：湖南师范大学出版社

王蒲生 . 2006. 科学活动中的行为规范 . 呼和浩特：内蒙古人民出版社

王书明，万丹 . 2006. 从科学哲学走向文化哲学 . 北京：社会科学文献出版社

王云娣 . 2005. 数字信息资源的开发与利用研究 . 武汉：武汉大学出版社

吴善超 . 2003. 国家自然科学基金与科学道德学风问题 . 中国科学基金，（2）

徐长山等 . 1994. 科学研究艺术 . 北京：解放军出版社

徐思祖 . 1996. 农业科技工作者指南——从选题立项到成果转化 . 北京：中国农业出版社

许定奇，孙荣文 . 1990. 科学实验导论 . 东营：石油大学出版社

杨玉圣 . 2004. 学术规范导论 . 北京：高等教育出版社

叶继红 . 2000. 科学家职业的演变过程及其社会责任 . 自然辩证法研究，（12）

叶继元 . 2005. 学术规范通论 . 上海：华东师范大学出版社

张华夏 . 2003. 波普尔的证伪主义和进化认识论 . 自然辩证法研究，（3）

张景元 . 2004. 信息存储与检索 . 北京：高等教育出版社

张明龙 . 2006. 科技项目的失信行为与治理对策 . 科学管理研究，（6）

张思强 . 2008. 科技项目经费预算存在的问题及对策 . 中国科技论坛，（1）

中国科学院科研道德委员会办公室，中国科学院监察审计局编 . 科研道德与学术规范参考书目（内部资料）

中国科学院科研道德委员会办公室 . 中国科学院及有关机构科研道德建设制度规章汇编（内部资料）

中国科学院学部 . 国外科学道德规约参考文献（内部资料）

周颖，王蒲生 . 2003. 同行评议中的利益冲突分析与治理对策 . 科学学研究，（6）

朱明永，张鹏 . 2008. 对知情权的初步探索 . 法制与社会，（1）

［美］Steneck N H. 2005. 科研伦理入门——ORI 介绍负责任研究行为 . 曹南燕等译 . 北京：清华大学出版社

后　记

为了进一步加强科研道德建设，中国科学院科研道德委员会办公室、监察审计局根据院领导的指示，自 2008 年初夏起组织《科研活动道德规范读本》（试用本）一书的编写工作，经过一年多的研究编写和反复修改，现已付梓。

本书主要由中国科学技术大学人文学院部分老师编写完成，并得到中国科学技术大学党委书记许武及人文学院领导的高度重视与大力支持。中国科学技术大学人文学院史玉民、汤书昆、潘正祥教授具体负责书稿的纲目制定、统稿以及编写的组织协调工作。本书各章撰稿人如下：第一章，程志波；第二章，方本新、石仿、李勇；第三章，胡剑、赵晓春；第四章，方贤绪、杨晓果。

中国科学院有关领导高度重视本书的编写工作。在本书初稿形成时，全国人大常委会副委员长、中国科学院院长路甬祥在百忙中审阅初稿，并对这项工作给予充分肯定，对进一步做好编写和发行等工作做出重要指示。本书定稿后，他亲自为本书作序，给我们极大的鞭策和鼓舞。李静海、方新、王庭大等院领导分别对书稿的编写做出重要批示；中国科学院科研道德委员会办公室主任、监察审计局局长沈颖多次与中国科学技术大学人文学院有关老师进行深入研讨，力求高质量完成书稿的编写；中国科学院院士工作局局长马扬和有关同志参与前期的策划工作；院内外有关专家学者对书稿进行认真审阅，提出许多宝贵修改意见；中国科学院监察审计局党风建设室主任孙中和以及朱国立、陈琼等参与本书的编写组织和书稿编校等工作；科学出版社科学人文出版中心常务副主任胡升华编审和张凡、卜新编辑为本书的出版在策划、编排以及审校等方面做了大量具体细致的工作，在此一并致以最诚挚的谢意。

科研道德建设是一项复杂的系统工程，需要全社会尤其是科技管理部门和广大科技工作者长期坚持不懈的努力，下大力气不断推动。对此，我们感到责无旁贷。我们出版本书，旨在为从事科研和科研管理工作的人员（包括学生）提供一个科研活动的规范参考，为加强科研道德建设、促进科技事业健康发展尽一份绵薄之力。由于水平有限，本书结构、内容、观点和文字等方面的缺陷和错讹在所难免，敬请各位读者批评指正，以便我们做进一步的修改和完善。

编写组

E-mail：kyddjs@ sohu.com